"十四五"职业教育国家规划教材配套用书

工科数学
案例与练习

盛秀兰　杨　军　主编

微信扫码

- 网络课程
- 视频学习
- 拓展习题
- 延伸阅读

南京大学出版社

图书在版编目(CIP)数据

工科数学案例与练习 / 盛秀兰，杨军主编. — 南京：南京大学出版社，2023.7

ISBN 978-7-305-27220-2

Ⅰ. ①工… Ⅱ. ①盛… ②杨… Ⅲ. ①高等数学—高等职业教育—习题集 Ⅳ. ①O13-44

中国国家版本馆 CIP 数据核字(2023)第 148761 号

出版发行　南京大学出版社
社　　址　南京市汉口路 22 号　　　邮　编　210093
出 版 人　王文军

书　　名　工科数学案例与练习
主　　编　盛秀兰　杨　军
责任编辑　刘　飞　　　　编辑热线　025-83592146

照　　排　南京南琳图文制作有限公司
印　　刷　常州市武进第三印刷有限公司
开　　本　787×1092　1/16　印张 10.5　字数 260 千
版　　次　2023 年 7 月第 1 版　2023 年 7 月第 1 次印刷
ISBN 978-7-305-27220-2
定　　价　32.00 元

网址：http://www.njupco.com
官方微博：http://weibo.com/njupco
官方微信号：njupress
销售咨询热线：(025) 83594756

前　言

本书的编写以高职院校的人才培养目标为依据，针对工科高职学生学习的特点，结合编者多年教学实践，紧紧围绕"数学为基，工程为用"的原则进行设计.

本书共分为十二章，每章包括四个部分.

一是疑难解析.针对每章疑难的知识点，采用精炼的概括、解释与技巧点拨，让读者快速理解工科数学的知识体系与解题思路.

二是案例分析.每章都结合了大量工程应用中的实例，讲解数学建模的方法，进一步阐明了数学建模和用数学解决几何、物理和工程等实际问题的方法与技巧。

三是随堂练习.按照教材顺序，以"三讲一练"配置了适量的随堂练习题.随堂练习题的题型有填空题，选择题，计算题和应用题.选题力求使读者理解和掌握高等数学的基本理论和常用的计算方法，初步达到用数学方法解决几何、物理和工程等实际问题的能力训练.

四是自测试题.精选了能反映本章知识综合运用的一定数量题目.读者通过做自测试题，能巩固本章所学的知识，进一步提高综合运用所学知识分析问题、解决问题的能力.

本书的编写分工为：陆峰（第 1 章 函数、极限与连续案例与练习、第 6 章 向量代数与空间解析几何案例与练习、第 11 章 概率论与数理统计初步案例与练习），杨军（第 10 章 傅里叶级数与积分变换案例与练习、第 7 章 多元函数微分学及应用案例与练习、第 8 章 多元函数积分学及应用案例与练习），俞金元（第 4

章 常微分方程案例与练习、第 5 章 无穷级数案例与练习),盛秀兰(第 2 章 一元函数微分学及应用案例与练习、第 3 章 一元函数积分学及应用案例与练习、第 9 章 线性代数初步案例与练习),凌佳(第 12 章 图论初步案例与练习),本书由盛秀兰、杨军统稿和定稿.

本书的出版得到江苏开放大学教育学院、教务处以及南京大学出版社的大力支持,在此谨表示衷心感谢.

限于编者水平,加上时间仓促,书中难免有不当之处,敬请广大师生和读者批评指正.

编　者

2023 年 6 月

目　录

* 表示选学内容，可扫二维码学习。

第1章 函数、极限与连续案例与练习

内容提要

本章的内容主要是函数、极限与连续.

函数部分的基本内容:函数概念,基本初等函数,反函数,复合函数,分段表示的函数,初等函数.

极限部分的基本内容:数列极限、函数极限、左右极限,无穷小量与无穷大量,无穷小量的性质和无穷小量的比较,极限的四则运算,两个重要极限.

连续部分的基本内容:函数在一点连续,左右连续,连续函数,间断点及其分类,初等函数的连续性,闭区间上连续函数的性质.

为了帮助大家更好地理解、掌握和应用这些内容,我们编写了下面的案例与练习.

疑难解析

一、关于极限概念

函数极限

(1) 当 $x\to\infty$ 时,函数 $f(x)$ 的极限

需要说明的是,$x\to\infty$ 是一种双边极限,其包含两种情况:$x\to+\infty$ 及 $x\to-\infty$. 当且仅当 $\lim\limits_{x\to+\infty} x_n=\lim\limits_{x\to-\infty} x_n=A$ 成立时,双边极限才存在.

(2) 当 $x\to x_0$ 时,函数 $f(x)$ 的极限

函数在某点处的极限是否存在于函数在该点是否有定义无关,也与函数在该点的取值无关. $x\to x_0$ 有两种方式:x 从 x_0 的左侧趋近($x\to x_0^-$)及 x 从 x_0 的右侧趋近($x\to x_0^+$). 函数 $f(x)$ 在 x_0 处极限存在的充要条件是函数在该点处的左右极限各自存在且相等.

二、关于无穷小与无穷大

1. 无穷小量

无穷小指的是以零为极限的变量. 它不代表很小的数.

无穷小量有这样的代数性质:有限个无穷小之和是无穷小;有限个无穷小之积是无穷小. 其中的关键词是有限个,这一关键词一定不能丢掉. 在以后的学习中会知道,无限多个无穷小的和可能不是无穷小量,无限多个无穷小量的积可以不是无穷小量.

2. 无穷小的比较

求两个无穷小之比的极限时,分子分母都可以用等价无穷小来代替. 但在代换时需注

意，无穷小的替换，必须是两个无穷小之比或无穷小为极限式中的乘积，而且代换后的极限存在才可使用. 加减项的无穷小不能用等价无穷小代换.

3. 无穷大量

需要注意的是，无穷大不是指很大的数，而是描述函数不断增大的一种状态. 若一个函数为无穷大，则它一定无界；反之则不成立. 前面讲到有限个无穷小量的和仍是无穷小，但在无穷大量中这一代数性质则不成立. 例如，存在这样两个函数 $f(x)=2-\frac{1}{x}$，$g(x)=x+\frac{1}{x}$. $x\to 0$ 时，$f(x)$及 $g(x)$均为无穷大量，但显然 $f(x)+g(x)=x+2$，当 $x\to 0$ 时两个函数的和不是一个无穷大量.

在自变量的同一变化过程中，若 X 为无穷大量，则$\frac{1}{X}$为无穷小量. 据此，关于无穷大的问题都可以转化为无穷小来解决.

三、极限的运算法则与两个重要极限

1. 极限的四则运算法则只有在参与运算的每个函数的极限都存在时才能使用.

2. 在使用“和的极限等于极限的和”这一运算法则时，应注意使用前提：只对有限个函数之和适用.

3. 在$\lim\limits_{x\to 0}\frac{\sin x}{x}=1$ 这个极限中应注意使用前提条件：$x\to 0$. 对于这个极限，可以进一步扩展成如下形式：$\lim\limits_{\varphi(x)\to 0}\frac{\sin\varphi(x)}{\varphi(x)}=1$.

4. 在使用$\lim\limits_{x\to\infty}\left(1+\frac{1}{x}\right)^{x}=\mathrm{e}$ 及$\lim\limits_{x\to 0}(1+x)^{\frac{\sin x}{x}}=\mathrm{e}$ 这两个重要极限时，要注意自变量 x 的变化过程，要求的极限始终呈现的是 1^{∞}类型. 同第三点一样，这两个极限中的 x 可以替换成 $\varphi(x)$.

四、函数的连续性

1. 函数连续的定义

函数在某点处的极限与该点处是否有定义无关，但在某点处若要连续，则函数在该点处一定要有定义，这是与极限定义不同的一点. 此外，若函数在某点处连续，则该点处的极限值要等于该点处的函数值.

2. 间断点

若 x_0 不是函数 $f(x)$的连续点，则称 x_0 是函数 $f(x)$的间断点. 函数的连续要满足三个条件缺一不可. 因此，反过来若存在下列情况之一时，$f(x)$在 x_0 处不连续是间断点.

(1) $f(x_0)$在 x_0 处无定义；　(2) $\lim\limits_{x\to x_0}f(x)$不存在；　(3) $\lim\limits_{x\to x_0}f(x)\neq f(x_0)$

案例分析

【案例 1.1】(水池注水问题) 某工厂有一水池，其容积为 100 立方米，原有水 10 立方米，现在每分钟注入 0.5 立方米的水，试将池中的水的体积表示为时间 t 的函数，并问需多少分钟水池才能灌满？

解：函数为 $y=10+0.5t$，水池灌满的时间为 $t=\frac{100-10}{0.5}=180$（分钟）.

【案例 1.2】（河面上水流速度问题） 在宽为 $2R$ 的河面上，任一点处的流速与该点到两岸距离之积成正比. 已知河道中心线处水的流速为 v_0，求河面上距河道中心线 r 处水流的流速 v.

解：在河面上距河道中心线 r 的点处，到两岸的距离分别为 $R-r$ 和 $R+r$（如图 1.1），根据题意可知，该点处的流速为

$$v(r)=k(R-r)(R+r)=k(R^2-r^2).$$

因为在河道中心线处水的流速为 v_0，即 $v(0)=v_0$，由此可求得

$$k=\frac{v_0}{R^2}.$$

代入上式可求得距河道中心线 r 处水流的流速 v 为

$$v(r)=v_0\left(1-\frac{r^2}{R^2}\right),\ -R\leqslant r\leqslant R.$$

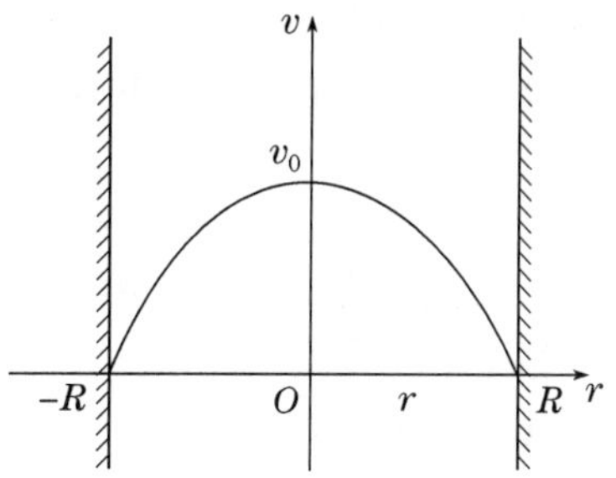

图 1.1

【案例 1.3】（钢珠测内径问题） 有一种测量中空工件内径的方法，就是用半径为 R 的钢珠放在圆柱形内孔上，只要测得了钢珠顶点与工件端面之间的距离为 x，就可以求出工件内孔的半径 y. 试求出 y 与 x 之间的函数表达式. 这里的工件端面是指垂直于内孔圆柱面中心轴的平面.

解：在图 1.2 中，可以看出

$$OC=DC-DO=x-R.$$

根据勾股定理有

$$\begin{aligned}y&=AC=\sqrt{OA^2-OC^2}=\sqrt{R^2-(x-R)^2}\\&=\sqrt{2Rx-x^2}.\end{aligned}$$

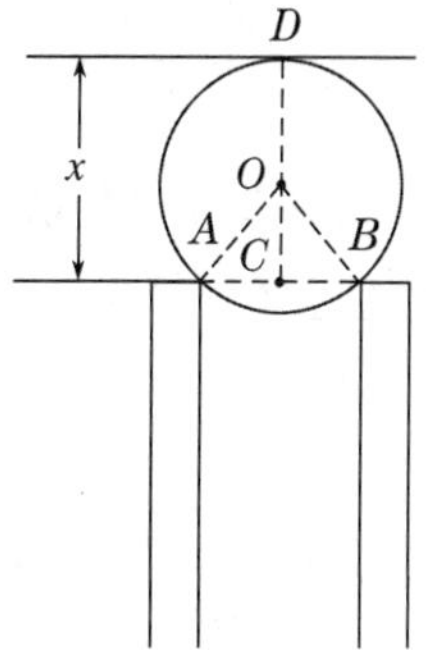

图 1.2

这里函数的自然定义域是 $0\leqslant x\leqslant 2R$，但是与实际意义不完全相符，所以应该按照实际意义重新确定其实际定义域是 $0<x<2R$.

【案例 1.4】（曲柄连杆驱动机构问题） 如图 1.3 所示是一个曲柄连杆驱动机构，其中曲柄 OA 长 r，连杆 AB 长 $l(>2r)$. 当曲柄 OA 绕点 O 以匀角速度 ω（弧度/秒）旋转时，使连杆 AB 推动滑块 B 沿直线 PQ 来回滑动，求滑块 B 的运动规律.

解：以 O 为坐标原点，OPQ 方向为正向建立坐标轴 x，则在时刻 t，有

$$A=(r\cos\omega t, r\sin\omega t).$$

设 N 为点 A 在 x 轴上的投影，则

$$ON=r\cos\omega t, AN=r\sin\omega t.$$

于是得到滑块 B 的运动规律为

$$x=ON+NB=r\cos\omega t+\sqrt{l^2-r^2\sin^2\omega t}.$$

其定义域为 $t\in[0,+\infty)$.

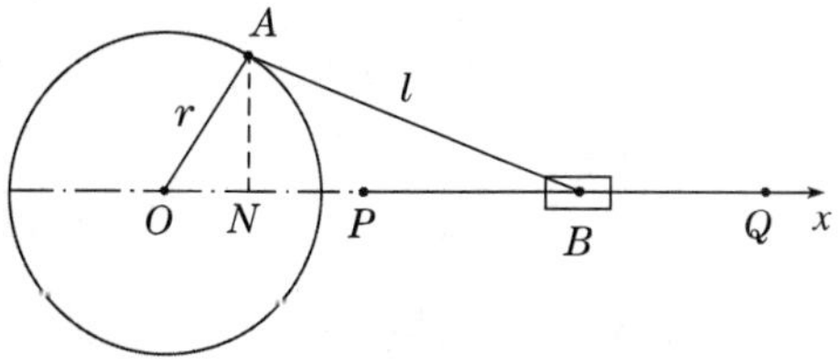

图 1.3

【案例 1.5】(储油罐尺寸问题)某炼油厂要建造一个容积为 V_0 的圆柱形储油罐，试建立表面积和底半径之间的函数关系.

解：易知储油罐的表面积等于上下底面(都是半径为 r 的圆)面积及侧面(长为 $2\pi r$，高为 h 的矩形)面积之和：

$$S=2\pi r^2+2\pi rh.$$

又因为 $\pi r^2 h=V_0$，

所以我们得到表面积和底半径之间的函数关系为

$$S=2\pi r^2+\frac{2V_0}{r}.$$

其定义域为 $r\in(0,+\infty)$.

【案例 1.6】(波形函数)脉冲器产生一个单三角脉冲，其波形如图 1.4 所示，电压 U 与时间 $t(t\geqslant 0)$ 的函数关系式为一分段函数，即

$$U=\begin{cases}\dfrac{2E}{\tau}t, & t\in\left[0,\dfrac{\tau}{2}\right],\\ -\dfrac{2E}{\tau}(t-\tau), & t\in\left(\dfrac{\tau}{2},\tau\right],\\ 0, & t\in(\tau,+\infty).\end{cases}$$

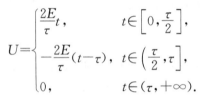

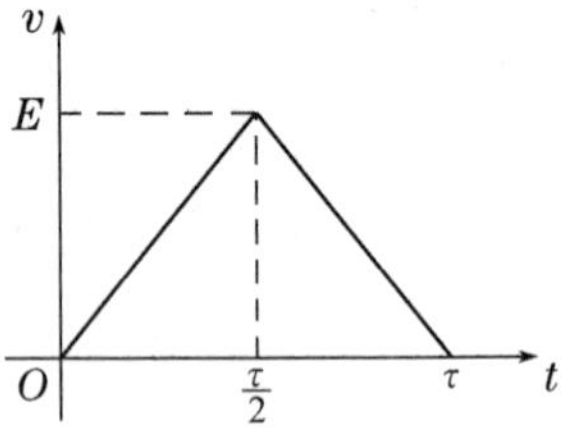

图 1.4

【案例 1.7】(话费问题)某市私人电话收费标准如下：月租 24 元，如果通话超过 60 次，则超过部分每次收费 0.1 元(假定每次通话时间不超过 3 分钟).

(1) 写出月电话费 y(元)与通话次数 x 之间的函数关系式；

(2) 某用户两个月通话次数分别为 50 次和 80 次，试求这两个月的电话费.

解：(1) 当 $0\leqslant x\leqslant 60$ 时，$y=24$；当 $x>60$ 时，超出部分$(x-60)$加收 $0.1(x-60)$元，即 $y=24+0.1(x-60)$，于是 y 与 x 之间的函数关系式为

$$y=\begin{cases}24, & 0\leqslant x\leqslant 60, x\in\mathbf{N},\\ 24+0.1(x-60), & x>60, x\in\mathbf{N}.\end{cases}$$

(2) 当 $x=50$ 时，$y=24$(元).

当 $x=80$ 时，$y=24+0.1(80-60)=26$(元).

【案例 1.8】(邮资费用问题)国内信函(外埠)邮资标准如下：首重 100 g 以内，每重 20 g(不足 20 g 按 20 g 计算)邮资 0.80 元，续重 101～2 000 g，每重 100 g(不足 100 g 按 100 g 计算)邮资 2.00 元. 试建立邮资和信件重量 m 之间的函数关系式，并求信件重量为 60 g 时的邮资.

解：

$$F(m)=\begin{cases}0.8\left\{\left[\dfrac{m}{20}\right]+\operatorname{sgn}\left(\dfrac{m}{20}-\left[\dfrac{m}{20}\right]\right)\right\}, 0<m\leqslant 100,\\ 4+2.00\left\{\left[\dfrac{m-100}{100}\right]+\operatorname{sgn}\left(\dfrac{m-100}{100}-\left[\dfrac{m-100}{100}\right]\right)\right\}, 100<m\leqslant 2\,000.\end{cases}$$

这个函数的定义域是$(0,2\,000]$，值域是$\{F|0.8,1.6,2.4,3.2,4,6,8,10,\cdots,40,42\}$. 其中，符号$[x]$表示不超过 x 的最大整数，又称为取整函数；其中 $\operatorname{sgn}x=\begin{cases}-1, & x<0,\\ 0, & x=0,\\ 1, & x>0\end{cases}$ 称为符

号函数.

当信件重量为 60 g 时，$F(60)=0.8\left\{\left[\frac{60}{20}\right]+\operatorname{sgn}\left(\frac{60}{20}-\left[\frac{60}{20}\right]\right)\right\}$

$$=0.8\left\{\left[\frac{60}{20}\right]+0\right\}=0.8(3+0)=2.4(\text{元}).$$

【案例 1.9】(生产成本问题) 已知生产 x 对汽车挡泥板的成本是 $C(x)=100+\sqrt{1+6x^2}$ (元)，则每对的平均成本为 $\frac{C(x)}{x}$. 当产品产量很大时，求每对汽车挡泥板的大致成本.

解：当产品产量很大时，每对的大致成本是

$$\lim_{x\to+\infty}\frac{C(x)}{x}=\lim_{x\to+\infty}\frac{100+\sqrt{1+6x^2}}{x}=\lim_{x\to+\infty}\left(\frac{100}{x}+\sqrt{\frac{1}{x^2}+6}\right)=\sqrt{6}(\text{元/对}).$$

【案例 1.10】(产品价格预测) 设一产品的价格满足 $P(t)=20-20e^{-0.5t}$ (单位：元)，随着时间的推移，产品价格会随之变化，请你对该产品的长期价格做一预测.

解：下面通过求产品价格在 $t\to+\infty$ 时的极限来分析该产品的长期价格.

$$\lim_{t\to+\infty}P(t)=\lim_{t\to+\infty}(20-20e^{-0.5t})=\lim_{t\to+\infty}20-\lim_{t\to+\infty}20e^{-0.5t}$$
$$=\lim_{t\to+\infty}20-20\lim_{t\to+\infty}e^{-0.5t}=20-0=20(\text{元}).$$

即该产品的长期价格为 20 元.

【案例 1.11】(游戏销售) 当推出一种新的电子游戏程序时，在短期内销售量会迅速增加，然后开始下降，其函数关系为 $s(t)=\frac{200t}{t^2+100}$，$t$ 为月份. (1) 请计算游戏推出后第 6 个月、第 12 个月和第三年的销售量. (2) 如果要对该产品的长期销售做出预测，请建立相应的表达式.

解：(1) $s(6)=\frac{200\times6}{6^2+100}=\frac{1\,200}{136}\approx8.823\,5$，

$$s(12)=\frac{200\times12}{12^2+100}=\frac{2\,400}{244}\approx9.836\,1,$$

$$s(36)=\frac{200\times36}{36^2+100}\approx5.157\,6.$$

(2) 从上面的数据可以看出，随着时间的推移，该产品的长期销售应为时间 $t\to+\infty$ 时的销售量，即 $\lim\limits_{t\to+\infty}\frac{200t}{t^2+100}=\lim\limits_{t\to+\infty}\frac{200}{t+\frac{100}{t}}=0$.

上式说明当时间 $t\to+\infty$ 时，销售量的极限为 0，即人们购买此游戏的数量会越来越少，从而转向购买新的游戏.

【案例 1.12】(细菌培养) 已知在时刻 t(单位：min)，容器中细菌的个数为 $y=10^4\times2^{kt}$. (1) 若经过 30 min，细菌的个数增加一倍，求 k 值；(2) 预测 $t\to+\infty$ 时容器中细菌的个数.

解：(1) 因为时刻 t 容器中细菌的个数为 $y=10^4\times2^{kt}$，

所以经过 30 分钟，即 $t+30$ 时细菌的个数为 $10^4\times2^{k(t+30)}$.

由题意知 $10^4\times2^{k(t+30)}=2\times10^4\times2^{kt}$，

解之，得 $k=\frac{1}{30}$.

(2) $\lim\limits_{t\to+\infty}10^4\times2^{\frac{1}{30}t}=10^4\times\lim\limits_{t\to+\infty}2^{\frac{1}{30}t}=+\infty$.

由此可知,当时间无限增大时,容器中的细菌个数也无限增大.

【案例 1.13】(奖励基金问题)建立一项奖励基金,每年年终发放一次,资金总额为 10 万元. 若以年复利率 5%计算,试求若奖金发放永远继续下去,即奖金发放年数 $n\to+\infty$(此时,称永续性奖金,如诺贝尔奖奖金),基金 P 应为多少?

解:若每年年终奖金为 A,则第 1 年至第 n 年末奖金 A 的现值 $P_1,P_2,\cdots,P_n$ 分别为 $\frac{A}{(1+r)},\frac{A}{(1+r)^2},\frac{A}{(1+r)^3},\cdots,\frac{A}{(1+r)^n}$($r$ 为年利率),显然 $P_1,P_2,\cdots,P_n$ 构成一个公比为 $\frac{1}{1+r}$ 的等比数列,所以前 n 年奖金的现值之和为

$$P=\frac{A}{(1+r)}+\frac{A}{(1+r)^2}+\frac{A}{(1+r)^3}+\cdots+\frac{A}{(1+r)^n}$$

$$=\frac{A}{(1+r)}\cdot\frac{1-\left(\frac{1}{1+r}\right)^n}{1-\frac{1}{1+r}}$$

$$=\frac{A}{r}\cdot\left[1-\frac{1}{(1+r)^n}\right].$$

当奖金的年数永远继续,即 $n\to+\infty$,上述公式中令 $n\to+\infty$,有

$$\lim_{n\to+\infty}\frac{A}{r}\cdot\left[1-\frac{1}{(1+r)^n}\right]=\frac{A}{r},$$

则永续性奖金的现值为

$$P=\frac{A}{r}=\frac{10}{0.05}=200(\text{万元}).$$

【案例 1.14】(矩形波分析)对于如下的矩形波函数:

$$f(x)=\begin{cases}0, & -\pi\leqslant x<0,\\ A, & 0\leqslant x<\pi,\end{cases}\text{其中 } A\neq0.$$

试讨论在 $x=0$ 处的极限.

解:因为 $\lim\limits_{x\to0^-}f(x)=\lim\limits_{x\to0^-}0=0$, $\lim\limits_{x\to0^+}f(x)=\lim\limits_{x\to0^+}A=A$,

所以 $\lim\limits_{x\to0^-}f(x)=0\neq A=\lim\limits_{x\to0^+}f(x)$,

所以,此函数在 $x=0$ 处的极限不存在.

【案例 1.15】(电流分析)在一个电路中的电荷量 Q 由下式定义:

$$Q=\begin{cases}C, & t\leqslant0,\\ Ce^{-\frac{t}{RC}}, & t>0,\end{cases}$$

其中 C、R 为正的常数值. 分析电荷量 Q 在时间 $t\to0$ 时的极限.

解:因为 $\lim\limits_{t\to0^-}Q=\lim\limits_{t\to0^-}C=C$, $\lim\limits_{t\to0^+}Q=\lim\limits_{t\to0^+}Ce^{-\frac{t}{RC}}=C$,

所以 $\lim\limits_{t\to0^-}Q=C=\lim\limits_{t\to0^+}Q$,

所以 $\lim\limits_{t\to0}Q=C$.

【案例 1.16】(电势函数)分布于 y 轴上一点电荷的电势 φ,由以下公式定义:

$$\varphi=\begin{cases}2\pi\sigma(\sqrt{y^2+a^2}-y), & y<0,\\ 2\pi\sigma(\sqrt{y^2+a^2}+y), & y\geqslant 0,\end{cases}$$

其中 σ 和 a 都是正的常数. 问 φ 在 $y=0$ 处连续吗?

解: 因为 $\lim\limits_{y\to 0^-}\varphi(y)=\lim\limits_{y\to 0^-}2\pi\sigma(\sqrt{y^2+a^2}-y)=2\pi\sigma a$, $\lim\limits_{y\to 0^+}\varphi(y)=\lim\limits_{y\to 0^+}2\pi\sigma(\sqrt{y^2+a^2}+y)=2\pi\sigma a$, $\varphi(0)=2\pi\sigma a$.

所以 $\lim\limits_{y\to 0^-}\varphi(y)=\lim\limits_{y\to 0^+}\varphi(y)=\varphi(0)$,

所以,此函数在 $y=0$ 处连续.

【案例 1.17】(运费问题) 某运输公司规定货物的运费如下:在 a 千米以内,每吨每千米 k 元;超过 a 千米,超过部分每吨每千米为 $\frac{4}{5}k$ 元. 讨论运费 m 在里程 a 处的连续性.

解: 根据题意可列出分段函数如下:

$$m=\begin{cases}ks, & 0<s\leqslant a,\\ ka+\frac{4}{5}k(s-a), & s>a.\end{cases}$$

因为 $\lim\limits_{s\to a^-}m(s)=\lim\limits_{s\to a^-}(ks)=ka$, $\lim\limits_{s\to a^+}m(s)=\lim\limits_{s\to a^+}\left[ka+\frac{4}{5}k(s-a)\right]=ka$, $m(a)=ka$,

所以 $\lim\limits_{s\to a^-}m(s)=\lim\limits_{s\to a^+}m(s)=m(a)$,

所以,运费 m 在里程 a 处是连续的.

【案例 1.18】(停车场收费) 一个停车场第一个小时(或不到一小时)收费 3 元,以后每小时(或不到整时)收费 2 元,每天最多收费 10 元. 讨论此函数在 t 时的连续性以及此函数的间断点,并说明其实际意义.

解: 设停车场第 t 小时的收费为 y,则

$$y=\begin{cases}3, & 0<t\leqslant 1,\\ 5, & 1<t\leqslant 2,\\ 7, & 2<t\leqslant 3,\\ 9, & 3<t\leqslant 4,\\ 10, & 4<t\leqslant 24.\end{cases}$$

因为 $\lim\limits_{t\to 2^+}y=7$, $\lim\limits_{t\to 2^-}y=5$,

所以 $\lim\limits_{t\to 2}y$ 不存在,即函数在 $t=2$ 处不连续.

同理,此函数在 $t=1,2,3,4$ 处间断.

实际意义:由于超过整时后,收费价格会突然增加,因此,在停车时,为节省费用,应尽量控制在整时之内;由于一天的停车费最高价格不超过 10 元,因此,超过 4 小时后,可以不急于取车.

【案例 1.19】(四脚方椅的稳定问题) 众所周知,三条腿的椅子总是能稳定着地的,但四条腿的椅子,在起伏不平的地面上能不能也让它四脚同时着地呢?

解: 假设地面是一个连续的曲面,即沿任意方向地面的高度不会出现间断,即地面没有台阶或裂口等情况.

假定椅子是正方形的,它的四条腿长都相等,并记椅子的四脚分别为 A,B,C,D,正方

形 $ABCD$ 的中心点为 O，以 O 为原点建立坐标系如图 1.5 所示.

当我们将椅子绕 O 点转动时，用对角线 AC 与 x 轴的夹角 θ 来表示椅子的位置.

记 A，C 两脚与地面距离之和为 $f(\theta)$，B，D 两脚与地面距离之和为 $g(\theta)$. 容易知道，它的四脚能同时着地的充要条件是 $f(\theta)=g(\theta)$. 当然此时这个正方形平面不一定与水平面平行.

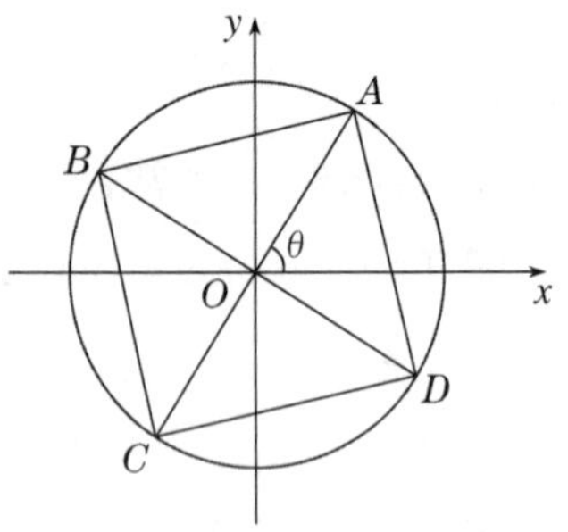

图 1.5

另一方面，根据正方形具有的旋转对称性可知，对于任意的 θ，有

$$f\left(\theta+\frac{\pi}{2}\right)=g(\theta),g\left(\theta+\frac{\pi}{2}\right)=f(\theta).$$

作辅助函数 $\varphi(\theta)=f(\theta)-g(\theta)$，则函数 $\varphi(\theta)$ 在区间 $\left[0,\frac{\pi}{2}\right]$ 上连续，且有

$$\begin{aligned}\varphi(0)\varphi\left(\frac{\pi}{2}\right)&=[f(0)-g(0)]\left[f\left(\frac{\pi}{2}\right)-g\left(\frac{\pi}{2}\right)\right]=[f(0)-g(0)][g(0)-f(0)]\\&=-[f(0)-g(0)]^2\leqslant 0.\end{aligned}$$

根据闭区间上连续函数的零点定理可知，一定存在 $\xi\in\left[0,\frac{\pi}{2}\right]$，使得 $\varphi(\xi)=0$，即 $f(\xi)=g(\xi)$，这就说明只要转动适当的角度，总能使四条腿的椅子稳定地着地.

【案例 1.20】(铁丝温度问题) 有一圆形铁丝，上面有连续变化着的温度，试证明总存在某条直径，其两端点处的温度相等.

解：设该圆的半径为 R，以该圆的中心 O 为坐标原点，建立坐标系如图 1.6 所示，得到该圆以圆心角 t 为参数的参数方程为

$$x=R\cos t,y=R\sin t,0\leqslant t\leqslant 2\pi.$$

根据题意条件可知，该圆上 $P=(R\cos t,R\sin t)$ 点处的温度 $f(t)$ 是闭区间 $[0,2\pi]$ 上的连续函数，且有

$$f(0)=f(2\pi).$$

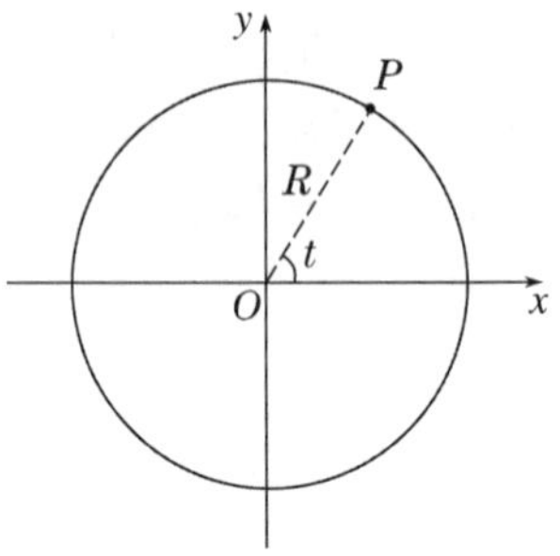

图 1.6

由于任一条直径两端点所对应的参数正好相差 π，所以我们的目标就是要证明：存在一点 $\xi\in[0,\pi]$，使

$$f(\xi)=f(\xi+\pi).$$

作辅助函数 $\varphi(t)=f(t)-f(t+\pi)$，显然函数 $\varphi(t)$ 在区间 $[0,\pi]$ 上连续，且

$$\begin{aligned}\varphi(0)\varphi(\pi)&=[f(0)-f(\pi)][f(\pi)-f(2\pi)]\\&=[f(0)-f(\pi)][f(\pi)-f(0)]\\&=-[f(0)-f(\pi)]^2\leqslant 0.\end{aligned}$$

根据闭区间上连续函数的零点定理可知，一定存在 $\xi\in[0,\pi]$，使得 $\varphi(\xi)=0$，即 $f(\xi)=f(\xi+\pi)$，这就得到了所需证明的结论.

练习题 1.1

一、填空题(每小题 4 分,共 20 分)

1. 函数 $f(x)=\dfrac{1}{\sqrt{5-x}}$的定义域是__________.

2. 设 $f(x-1)=x^2-2x$,则 $f(x)=$__________.

3. 函数 $y=\dfrac{x+2}{x-2}$的反函数是__________.

4. 曲线 $y=x\cos x$ 关于__________对称.

5. 设 $f(x)=\begin{cases} x^2+2, & x\leqslant 0, \\ e^x, & x>0, \end{cases}$则 $f(0)=$__________.

二、单选题(每小题 4 分,共 20 分)

1. 设函数 $y=x^2\sin x$,则该函数是(　　).
   A. 奇函数　　B. 偶函数　　C. 非奇非偶函数　　D. 既奇又偶函数

2. 函数 $f(x)=x\,\dfrac{2^x+2^{-x}}{2}$的图形是关于(　　)对称.
   A. $y=x$　　B. x 轴　　C. y 轴　　D. 坐标原点

3. 设 $f(x+1)=x^2-1$,则 $f(x)=$(　　).
   A. $x(x+1)$　　B. x^2　　C. $x(x-2)$　　D. $(x+2)(x-1)$

4. 已知 $f(x)=\ln x, g(x)=x^2$,则复合函数 $f[g(x)]=$(　　).
   A. $2\ln x$　　B. $\ln x^2$　　C. $\ln^2 x$　　D. $(\ln|x|)^2$

5. 下列各函数对中,(　　)中的两个函数相等.
   A. $f(x)=(\sqrt{x})^2, g(x)=x$　　B. $f(x)=\sqrt{x^2}, g(x)=x$
   C. $f(x)=\ln x^2, g(x)=2\ln x$　　D. $f(x)=\ln x^3, g(x)=3\ln x$

三、分解下列各复合函数(每小题 5 分,共 30 分)

1. $y=\sin 2x$.　　　　2. $y=e^{(2x+1)^2}$.

3. $y=\sqrt{\ln\sqrt{x}}$.

4. $y=\cos\sqrt{\dfrac{x^2+1}{x^2-1}}$.

5. $y=\ln[\tan(x^2+1)^2]$.

6. $y=3^{\cos x^2}$.

四、应用题(每小题 15 分,共 30 分)

1. 已知函数 $f(x)=\begin{cases} x^2, & 0\leqslant x<1, \\ 1, & 1\leqslant x<2, \\ 4-x, & 2\leqslant x\leqslant 4. \end{cases}$

(1) 作函数 $f(x)$的图形,并写出其定义域;(2) 求 $f(0)$,$f(1.2)$,$f(3)$,$f(4)$.

2. 要设计一个容积为 $V=20\pi\ \mathrm{m}^3$ 的有盖圆柱形贮油桶,已知桶盖单位面积造价是侧面的一半,而侧面单位面积造价又是底面的一半.设桶盖造价为 a(单位:元/m^2),试把贮油桶总造价 p 表示为贮油桶半径 r 的函数.

练习题 1.2

一、填空题(每小题4分,共20分)

1. $\lim\limits_{n\to+\infty}\left[4+\frac{(-1)^n}{n^2}\right]=$ ________.

2. $\lim\limits_{x\to0}\cos x=$ ________, $\lim\limits_{x\to\infty}\cos x=$ ________.

3. 已知极限 $\lim\limits_{x\to2}\frac{x^2-x+k}{x-2}=3$,则 $k=$ ________.

4. $\lim\limits_{x\to\infty}x\sin\frac{1}{x}=$ ________.

5. 若 $\lim\limits_{x\to\infty}\left(1+\frac{k}{x}\right)^{2x}=e$,则 $k=$ ________.

二、单选题(每小题4分,共20分)

1. 当 $n\to+\infty$ 时,下列数列极限存在的是(　　).

A. $(-1)^n\cdot n$　　B. $\frac{n+1}{n}$　　C. 2^n　　D. $\sin n$

2. 设 $f(x)=\begin{cases}|x|+1, & x\neq0,\\ 2, & x=0,\end{cases}$ 则 $\lim\limits_{x\to0}f(x)$ 的值为(　　).

A. 0　　B. 1　　C. 2　　D. 不存在

3. $\lim\limits_{x\to x_0^-}f(x)$ 和 $\lim\limits_{x\to x_0^+}f(x)$ 都存在是函数 $f(x)$ 在 $x=x_0$ 有极限的(　　).

A. 充分条件　　B. 必要条件

C. 充分必要条件　　D. 无关条件

4. 当 $x\to0$ 时,下列变量中为无穷小量的是(　　).

A. $\frac{1}{x}$　　B. $\frac{\sin x}{x}$　　C. $\ln(1+x)$　　D. $\frac{x}{x^2}$

5. 下列各式中正确的是(　　).

A. $\lim\limits_{x\to\infty}\left(1-\frac{1}{x}\right)^x=e$　　B. $\lim\limits_{x\to\infty}\left(1+\frac{1}{x}\right)^{-x}=e$

C. $\lim\limits_{x\to0}(1+x)^{-\frac{1}{x}}=e$　　D. $\lim\limits_{x\to0}(1+x)^{\frac{1}{x}}=e$

三、求下列极限(每小题5分,共30分)

1. $\lim\limits_{x\to2}\frac{x^2-3x+2}{x^2-4}$.

2. $\lim\limits_{x\to+\infty}\frac{(3x+6)^7(8x-5)^3}{(5x-1)^{10}}$.

3. $\lim\limits_{x\to\infty}\dfrac{x^2-6x+8}{x^3-5x+6}$.

4. $\lim\limits_{x\to 0}\dfrac{\sin 4x}{\sqrt{x+4}-2}$.

5. $\lim\limits_{x\to\infty}\left(\dfrac{x+1}{x-2}\right)^{2x}$.

6. $\lim\limits_{x\to\frac{\pi}{2}}(1+\cos x)^{2\sec x}$.

四、解答题(每小题 15 分,共 30 分)

1. 设函数 $f(x)=\begin{cases}e^x+1, & x>0,\\ 2x+b, & x\leqslant 0,\end{cases}$要使极限 $\lim\limits_{x\to 0}f(x)$存在,b 应取何值?

2. 设 $x\to 0^+$ 时,$\sin\sqrt{x}$和$\dfrac{2}{\pi}\cos\dfrac{\pi}{2}(1-x)$哪一个与 x 为同阶无穷小?哪一个是比 x 低阶的无穷小?是否有 x 的等价无穷小?

练习题 1.3

一、填空题(每小题 4 分,共 20 分)

1. 设 $f(x)=\begin{cases}x\sin^2\dfrac{1}{x},x>0,\\ a+x^2,\quad x\leqslant 0\end{cases}$ 在点 $x=0$ 处连续,则 $a=$____________.

2. 设 $f(x)=\begin{cases}\dfrac{x^2-1}{x-1},x\neq 1,\\ b,\qquad x=1\end{cases}$ 在 $(-\infty,+\infty)$ 内连续,则 $b=$____________.

3. 函数 $y=\dfrac{1}{1-e^x}$ 的间断点是____________.

4. 函数 $y=\dfrac{x^2-2x-3}{x+1}$ 的间断点是____________.

5. 函数 $y=\dfrac{\sqrt{x+2}}{(x+1)(x-4)}$ 的连续区间是________________.

二、单选题(每小题 4 分,共 20 分)

1. 当 $k=$(　　)时,函数 $f(x)=\begin{cases}x^2+1,x\neq 0,\\ k,\qquad x=0\end{cases}$ 在 $x=0$ 处连续.

   A. 0　　B. 1　　C. 2　　D. -1

2. 函数 $f(x)$ 在 $x=x_0$ 处有定义是 $f(x)$ 在 x_0 处连续的(　　).

   A. 充分条件　　B. 必要条件　　C. 充分必要条件　　D. 无关条件

3. 函数 $f(x)=\begin{cases}1,\quad x\geqslant 0,\\ -1,x<0\end{cases}$ 在 $x=0$ 处(　　).

   A. 左连续　　B. 右连续　　C. 连续　　D. 左右皆不连续

4. 函数 $f(x)=\dfrac{x-3}{x^2-3x+2}$ 的间断点是(　　).

   A. $x=1,x=2$　　B. $x=3$

   C. $x=1,x=2,x=3$　　D. 无间断点

5. 方程 $x^3+2x^2-x-2=0$ 在 $(-3,2)$ 内(　　).

   A. 恰有一个实根　　B. 恰有两个实根

   C. 至少有一个实根　　D. 无实根

三、求下列极限(每小题 5 分,共 30 分)

1. $\lim\limits_{x\to 0}\sqrt{x^3-3x+1}$.

2. $\lim\limits_{x\to 0}\ln\dfrac{\sin x}{x}$.

3. $\lim\limits_{x\to 4}\dfrac{x-4}{\sqrt{2x+1}-3}$.

4. $\lim\limits_{x\to 1}\dfrac{\tan(x-1)}{x^2+x-2}$.

5. $\lim\limits_{x\to 0}\left(\dfrac{\sin^2 x}{x}+\dfrac{e^x}{x+1}\right)$.

6. $\lim\limits_{x\to 0}\dfrac{(1+x^3)^{\frac{1}{2}}-1}{\sin^3 x}$.

四、计算题(每小题 15 分,共 30 分)

1. 设函数 $f(x)=\begin{cases}\dfrac{a(1-\cos x)}{x^2}, & x<0,\\ 1, & x=0,\\ \ln(b+x), & x>0\end{cases}$ 在 $x=0$ 处连续,求 a,b 的值.

2. 讨论函数 $y=\dfrac{x^2-1}{x^2-3x+2}$ 的连续性,若有间断点,指出其间断点的类型.

测试题 1

一、填空题(每小题 4 分,共 20 分)

1. 设 $f\left(1+\frac{1}{x}\right)=1+\frac{1}{x^2}$,则 $f(x)=$__________.

2. 函数 $y=\arcsin\frac{x-1}{3}-\frac{1}{\sqrt{x+1}}$的定义域是__________.

3. 极限 $\lim\limits_{x\to 0}\frac{x^2\sin\frac{1}{x}}{\sin x}=$__________.

4. 已知 $f(x)=\begin{cases}(1-x)^{\frac{1}{3x}}, & x\neq 0,\\ k, & x=0\end{cases}$ 在点 $x=0$ 连续,则 $k=$__________.

5. 函数 $y=1+\frac{1}{1+\frac{1}{x}}$的间断点是__________.

二、单选题(每小题 4 分,共 20 分)

1. $y=\ln(x+\sqrt{x^2+1})$在其定义域$(-\infty,+\infty)$内是(　　).

A. 奇函数　　B. 偶函数　　C. 非奇非偶函数　　D. 周期函数

2. 下列各组函数中,表示同一个函数的是(　　).

A. $y=\ln x^2, y=2\ln x$　　B. $y=\ln\sqrt{x}, y=\frac{1}{2}\ln x$

C. $y=\cos x, y=\sqrt{1-\sin^2 x}$　　D. $y=\frac{1}{1+x}, y=\frac{x-1}{x^2-1}$

3. 极限 $\lim\limits_{x\to 0}\frac{2x}{\sqrt{1-\cos^2 x}}=$(　　).

A. 2　　B. -2　　C. 0　　D. 不存在

4. 设 $f(x)=\frac{x(x+1)}{x^2-1}$,则当(　　)时 $f(x)$是无穷小量.

A. $x\to 0$　　B. $x\to 1$　　C. $x\to -1$　　D. $x\to\infty$

5. 下列命题中正确的是(　　).

A. 若 $f(x)$在(a,b)内有定义,则 $f(x)$在(a,b)内连续

B. 若极限 $\lim\limits_{x\to x_0}f(x)$存在,则 $f(x)$在点 x_0 处连续

C. 若 $f(x)$在 x_0 有定义,且 $\lim\limits_{x\to x_0}f(x)$存在,则 $f(x)$在点 x_0 处连续

D. 若 $f(x)$在(a,b)内每一点都连续,则 $f(x)$在(a,b)内连续

三、求下列极限(每小题 6 分,共 36 分)

1. $\lim\limits_{x\to\infty}\frac{(2x+1)^{10}(3x-2)^{20}}{(2x+3)^{30}}$.

2. $\lim\limits_{x\to\pi^+}\frac{\sqrt{1+\cos x}}{\sin x}$.

3. $\lim\limits_{x\to 0}\dfrac{x}{\sqrt{1+\sin x}-\sqrt{\cos x}}$.

4. $\lim\limits_{x\to +\infty}(\sqrt{x(x+3)}-\sqrt{x^2-4})$.

5. $\lim\limits_{x\to\infty}\left(\dfrac{x+1}{x-3}\right)^{-x}$.

6. $\lim\limits_{x\to 0}\left(\sqrt[x]{1-3x}-x\sin\dfrac{1}{x^2}\right)$.

四、计算题(每小题 12 分,共 24 分)

1. 假设银行一年定期的存款利率是 2.25%,利息的税率是 20%.试建立一年整存整取的储蓄金额和一年后本息的函数关系式,并给出其定义域.

2. 设函数 $f(x)=\begin{cases}5e^{2x}, x<0,\\ 3x+a, x\geqslant 0\end{cases}$ 在 $x=0$ 处连续,求 a 的值.

第 2 章　一元函数微分学及应用案例与练习

内容提要

本章的内容主要是导数、微分以及导数应用.

导数部分的基本内容:导数的定义及几何意义,函数连续与可导的关系,基本初等函数的导数,导数的四则运算法则,反函数求导法则,复合函数求导法则,隐函数求导法则,对数求导法举例,用参数表示的函数的求导法则,高阶导数.

微分部分的基本内容:微分的概念与运算,微分基本公式表,微分法则,一阶微分形式的不变性,微分在近似计算中的应用.

导数应用部分的基本内容:用洛必达法则求"$\frac{0}{0}$""$\frac{\infty}{\infty}$"型等未定式极限,函数的单调性判别法,函数的极值及其求法,曲线的凹凸性及其判别法,拐点及其求法,水平与垂直渐近线,最大值、最小值问题,弧微分.

为了帮助大家更好地理解、掌握和应用这些内容,我们编写了下面的案例与练习.

疑难解析

一、关于函数的单调性

函数的单调性是一个区间上的性质,要用导数在这一区间上的符号来判定,因而导数在区间内个别点处的值为零并不影响函数在整个区间上的单调性.例如,函数 $y=x^3$ 在 $x=0$ 处的导数值为零,但在定义域$(-\infty,+\infty)$内单调增加.

二、关于函数单调性的讨论

在讨论函数的单调性时,首先要用函数的驻点及 $f'(x)$不存在的点来划分函数 $f(x)$的定义区间,然后在各部分区间上讨论 $f'(x)$的符号,从而确定函数 $f(x)$的单调性.

三、关于函数的极值和最值

函数的极值的概念是局部性的.如果 $f(x_0)$是函数 $f(x)$的一个极大值(或极小值),只是就 x_0 邻近的一个局部范围内 $f(x_0)$是最大的(或最小的),若就 $f(x)$的整个定义域来说,$f(x_0)$不一定是最大的(或最小的).正是由于极值概念的局部性,一个函数的极大值和极小值之间不具有可比性,即极大值不一定大于极小值.

四、关于极值点、驻点和导数不存在的点

可导函数的极值点必定是它的驻点,但反过来,函数的驻点却不一定是极值点(如 $y=$

x^3 的 $x=0$ 点),它只是可能的极值点. 此外,函数在它的导数不存在的点处也可能取得极值(如函数 $y=\sqrt[3]{x^2}$ 在 $x=0$ 处不可导,但函数在该点取得极小值).

五、关于等价无穷小替换原理

等价无穷小替换是求极限的又一种方法,但是要注意适用条件.

案例分析

【案例 2.1】(导数是研究变化率的数学模型) 函数 $y=f(x)$ 在点 x_0 处的导数 $\frac{\mathrm{d}y}{\mathrm{d}t}\big|_{x=x_0}=f'(x_0)$ 表示因变量 y 在点 x_0 处随自变量 x 变化的快慢程度. 例如:在力学中,$\left.\frac{\mathrm{d}s}{\mathrm{d}t}\right|_{t=t_0}$ 表示物体在 t_0 时刻运动的瞬时速度;在几何中,$\left.\frac{\mathrm{d}y}{\mathrm{d}x}\right|_{x=x_0}$ 表示曲线 $y=f(x)$ 在点 x_0 处纵坐标 y 随横坐标 x 变化的快慢程度,即曲线在点 $(x_0,f(x_0))$ 处切线的倾斜程度;在电学中,$\left.\frac{\mathrm{d}q}{\mathrm{d}t}\right|_{t=t_0}$ 表示电路中某点处的电流 i,即通过该点处的电量 q 关于时间 t 的瞬时变化率.

由此可见,导数是研究变量在某一点或某一时刻的变化率的数学模型. 有时说,导数是平均变化率的极限,这是从计算的角度揭示求因变量的瞬时变化率的计算方法问题.

【案例 2.2】(微分是解决局部估值问题的数学模型) 当函数 $y=f(x)$ 在点 x 处的局部改变量 Δy 可以表示成线性主部 $A\Delta x$ 与高阶无穷小 $o(\Delta x)$ 之和的形式时,即 $\Delta y=A\Delta x+o(\Delta x)=\mathrm{d}y+o(\Delta x)$,则 $\Delta y-\mathrm{d}y=o(\Delta x)$,于是 $\Delta y\approx\mathrm{d}y=f'(x)\Delta x$.

这表明用 $\mathrm{d}y=f'(x)\Delta x$ 来估计 Δy 的值,其误差不过是关于 Δx 的高阶无穷小,可忽略不计. 因为对于较复杂的函数,求其差值 $\Delta y=f(x+\Delta x)-f(x)$ 不是一件容易的事情,而微分 $\mathrm{d}y$ 是关于 Δx 的线性函数,比较容易计算. 这样将求函数增量 Δy 的问题化繁为简,其误差也很小,通过 $\mathrm{d}y$ 可以满意地对局部改变量 Δy 作出估计,所以说微分是解决局部估值问题的数学模型.

【案例 2.3】(细菌繁殖速度) 据测定,某种细菌的个数 y 随时间 t(天)的繁殖规律为 $y=400\mathrm{e}^{0.17t}$,求:(1) 开始时的细菌个数;(2) 第 5 天的繁殖速度.

解:(1) 由 $y=400\mathrm{e}^{0.17t}$ 可知,当 $t=0$ 时,$y=400$,所以开始时的细菌个数为 400 个.

(2) 因为 $y'=0.17\times400\times\mathrm{e}^{0.17t}$,所以第 5 天的繁殖速度为

$$y'\big|_{t=5}=0.17\times400\times\mathrm{e}^{0.17\times5}\approx159(\text{个/天}).$$

【案例 2.4】(人口增长率)《全球 2000 年报告》指出世界人口在 1975 年为 41 亿,并以每年 2% 的相对比率增长. 若用 P 表示自 1975 年以来的人口数,求 $\frac{\mathrm{d}P}{\mathrm{d}t}$,$\left.\frac{\mathrm{d}P}{\mathrm{d}t}\right|_{t=0}$,$\left.\frac{\mathrm{d}P}{\mathrm{d}t}\right|_{t=15}$,它们的实际意义分别是什么?

解: $\frac{\mathrm{d}P}{\mathrm{d}t}=\lim\limits_{\Delta t\to0}\frac{P(t+\Delta t)-P(t)}{\Delta t}=2\%P(t)$,实际意义是从 1975 年开始,世界人口以每年 2% 的相对比率增长.

$\left.\frac{\mathrm{d}P}{\mathrm{d}t}\right|_{t=0}=2\%P(0)=2\%\times 41=0.82$，实际意义是 1976 年的世界人口比 1975 年增长 0.82 亿.

$\left.\frac{\mathrm{d}P}{\mathrm{d}t}\right|_{t=15}=2\%P(15)=2\%\times 41\times(1+2\%)^{15}\approx 1.10$，实际意义是 1991 年的世界人口比 1990 年增长 1.10 亿.

【案例 2.5】(并联电阻) 当电流通过两个并联电阻 r_1，r_2 时，总电阻由下式给出 $\frac{1}{R}=\frac{1}{r_1}+\frac{1}{r_2}$，求 R 对 r_1 的变化率. 假定 r_2 是常量.

解：由 $\frac{1}{R}=\frac{1}{r_1}+\frac{1}{r_2}$ 知，$R=\frac{r_1r_2}{r_1+r_2}$，所以 R 对 r_1 的变化率为

$$\frac{\mathrm{d}R}{\mathrm{d}r_1}=\frac{\mathrm{d}}{\mathrm{d}r_1}\left(\frac{r_1r_2}{r_1+r_2}\right)=\frac{r_2(r_1+r_2)-r_1r_2}{(r_1+r_2)^2}=\frac{r_2^2}{(r_1+r_2)^2}.$$

【案例 2.6】(放射物的衰减) 放射性元素碳- 14(1 g)的衰减由下式给出：$Q=\mathrm{e}^{-0.000\,121t}$，其中 Q 是 t 年后碳- 14 存余的数量. 问碳- 14 的衰减速度 v 是多少？

解：$v=\frac{\mathrm{d}Q}{\mathrm{d}t}=(\mathrm{e}^{-0.000\,121t})'=\mathrm{e}^{-0.000\,121t}(-0.000\,121t)'=-0.000\,121\mathrm{e}^{-0.000\,121t}$.

【案例 2.7】(钢棒长度的变化率) 假设某钢棒的长度 L(单位：cm)取决于气温 H(单位：℃)，而气温 H 又取决于时间 t(单位：h)，如果气温每升高 1 ℃，钢棒长度增加 2 cm，而每隔 1 小时，气温上升 3 ℃，问钢棒长度关于时间的增加有多快？

解：由题意得 $\frac{\mathrm{d}L}{\mathrm{d}H}=2$ cm/℃，$\frac{\mathrm{d}H}{\mathrm{d}t}=3$ ℃/h，

所以 $\frac{\mathrm{d}L}{\mathrm{d}t}=\frac{\mathrm{d}L}{\mathrm{d}H}\cdot\frac{\mathrm{d}H}{\mathrm{d}t}=2\times 3=6$ cm/h.

【案例 2.8】(刹车测试) 在测试一汽车的刹车性能时发现，刹车后汽车行驶的距离 s(单位：m)与时间 t(单位：s)满足 $s=19.2t-0.4t^3$. 假设汽车做直线运动，求汽车在 $t=4$ s 时的速度和加速度.

解：$v=\frac{\mathrm{d}s}{\mathrm{d}t}=(19.2t-0.4t^3)'=19.2-1.2t^2$，$a=\frac{\mathrm{d}v}{\mathrm{d}t}=(19.2-1.2t^2)'=-2.4t$.

当 $t=4$ s 时，$v=(19.2-1.2t^2)|_{t=4}=0$，$a=-2.4t|_{t=4}=-9.6\ \mathrm{m\cdot s^{-2}}$.

【案例 2.9】(金属立体受热后体积的改变量) 某一正立方形金属体的边长为 2 m，当金属受热边长增加 0.01 m 时，体积的微分是多少？体积的改变量又是多少？

解：$\mathrm{d}V=(x^3)'\mathrm{d}x=3x^2\mathrm{d}x=3x^2\Delta x$，$x=2$.

$\mathrm{d}V|_{x=2,\Delta x=0.01}=3\times 2^2\times 0.01=0.12$，$\Delta V|_{x=2,\Delta x=0.01}=2.01^3-2^3=0.012\,006\ \mathrm{m}^3$.

所以，$\mathrm{d}V|_{x=2,\Delta x=0.01}\approx\Delta V|_{x=2,\Delta x=0.01}$.

【案例 2.10】(钟表误差) 一机械挂钟的钟摆的周期为 1 s，在冬季，摆长因热胀冷缩而缩短了 0.01 cm. 已知单摆的周期为 $T=2\pi\sqrt{\frac{l}{g}}$，其中 $g=980\ \mathrm{cm/s^2}$，问这只钟每秒大约快还是慢多少？

解：由 $1=2\pi\sqrt{\frac{l}{g}}$ 知，$l=\frac{g}{(2\pi)^2}$.

因为 $\Delta T \approx \mathrm{d}T = \frac{\mathrm{d}T}{\mathrm{d}l}\Delta l = \pi\sqrt{\frac{1}{gl}}\Delta l$，又 $l = \frac{g}{(2\pi)^2}$，

所以 $\Delta T \approx \mathrm{d}T = \frac{2\pi^2}{g}\Delta l = \frac{2\pi^2}{g} \times (-0.01) \approx -0.0002\ \mathrm{s}$.

【案例 2.11】(代数方程根的判别)已知 $f(x) = (x-2)(x-4)(x-6)$，不求导数，试判定方程 $f'(x)=0$ 有几个实根？各在什么范围内？

解：$f'(x)=0$ 是二次方程，至多有两个实根. 又因为 $f(x)$在$(-\infty,+\infty)$上连续、可导，且 $f(2)=f(4)=f(6)=0$，对 $f(x)$分别在区间$[2,4]$和$[4,6]$上使用罗尔中值定理，得到存在 $\xi \in (2,4)$，$\eta \in (4,6)$，使得 $f'(\xi)=0$，$f'(\eta)=0$，所以 $f'(x)=0$ 有两个实根，分别在$(2,4)$和$(4,6)$内.

【案例 2.12】(用罗必达法则计算极限)求下列极限：

(1) $\lim\limits_{x\to 0}\frac{x-\arctan x}{(\mathrm{e}^x-1)\cdot \sin x^2}$； (2) $\lim\limits_{x\to 0}\frac{\mathrm{e}^x-\mathrm{e}^{-x}-2x}{x^2\cdot \ln(1+x)}$.

解：(1) 当 $x\to 0$ 时，$\mathrm{e}^x-1\sim x$，$\sin x^2 \sim x^2$，所以

$$\lim_{x\to 0}\frac{x-\arctan x}{(\mathrm{e}^x-1)\cdot \sin x^2} = \lim_{x\to 0}\frac{x-\arctan x}{x\cdot x^2} = \lim_{x\to 0}\frac{x-\arctan x}{x^3}$$

$$= \lim_{x\to 0}\frac{1-\frac{1}{1+x^2}}{3x^2} = \lim_{x\to 0}\frac{1}{3(1+x^2)} = \frac{1}{3}.$$

(2) 当 $x\to 0$ 时，$\ln(1+x)\sim x$，所以

$$\lim_{x\to 0}\frac{\mathrm{e}^x-\mathrm{e}^{-x}-2x}{x^2\cdot \ln(1+x)} = \lim_{x\to 0}\frac{\mathrm{e}^x-\mathrm{e}^{-x}-2x}{x^2\cdot x} = \lim_{x\to 0}\frac{\mathrm{e}^x+\mathrm{e}^{-x}-2}{3x^2}$$

$$= \lim_{x\to 0}\frac{\mathrm{e}^x-\mathrm{e}^{-x}}{6x} = \lim_{x\to 0}\frac{\mathrm{e}^x+\mathrm{e}^{-x}}{6} = \frac{1}{3}.$$

【案例 2.13】(血液的压强)血液从心脏流出，经主动脉后流到毛细血管，再通过静脉流回心脏. 医生建立了某病人在心脏收缩的一个周期内血压 P(单位：mmHg)的数学模型 $P=\frac{25t^2+123}{t^2+1}$，$t$ 表示血液从心脏流出的时间(t 的单位：秒). 问在心脏收缩的一个周期里，血压是单调增加的还是单调减少的？

解：$P' = \left(\frac{25t^2+123}{t^2+1}\right)' = \frac{50t(t^2+1)-2t(25t^2+123)}{(t^2+1)^2} = -\frac{196t}{(t^2+1)^2}$，$t>0$.

因为 $P' = -\frac{196t}{(t^2+1)^2} < 0$，所以血压是单调减少的.

【案例 2.14】(股票曲线)假设 $P(t)$代表在时刻 t 某公司的股票价格，请根据以下叙述判定 $P(t)$的一阶、二阶导数的正、负号.

(1) 股票价格上升得越来越快；

(2) 股票价格接近最低点；

(3) 如图 2.1 所示为某种股票某天的价格走势曲线，请说明该股票当天的走势.

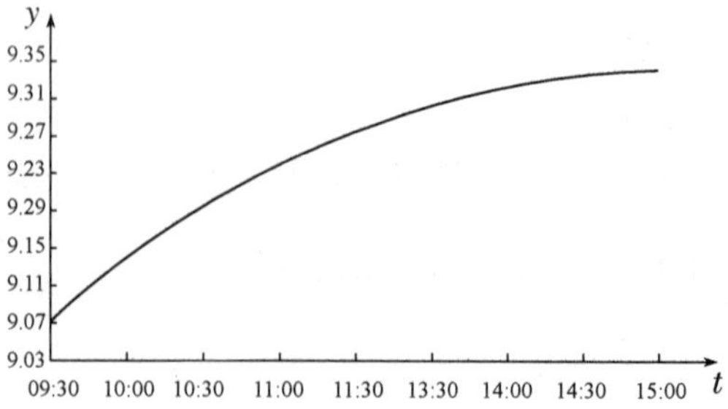

图 2.1

解：(1) $\frac{dP}{dt}>0,\frac{d^2P}{dt^2}>0$.

(2) $\frac{dP}{dt}=0$.

(3) 从某股票在某天的价格走势曲线可以看出，此曲线是单调上升且为凸的，即$\frac{dP}{dt}>0$，且$\frac{d^2P}{dt^2}<0$，这说明该股票当日的价格上升得越来越慢.

【案例 2.15】(极值的判别)已知 $f(x)=x^3+ax^2+bx$ 在 $x=1$ 处取得极小值 -2，试求：(1) 常数 a,b；(2) $f(x)$的所有极值，并判别是极大值，还是极小值.

解：(1) 由题意得 $f'(1)=0$，又知 $f(1)=-2$，即

$$\begin{cases}f'(1)=3\times1^2+2a\times1+b=0,\\ f(1)=1^3+a\times1^2+b\times1=-2.\end{cases}$$

从而解得 $a=0,b=-3$.

(2) 由 $f'(x)=3x^2-3=0$，得到驻点 $x=\pm1$.

又 $f''(x)=6x$，所以 $f''(1)=6>0$，$f''(-1)=-6<0$.

故 $f(1)=-2$ 为 $f(x)$的极小值，$f(-1)=2$ 为 $f(x)$的极大值.

【案例 2.16】(最佳射击时间)如图 2.2 所示，敌人乘汽车从河的北岸 A 处以 1 千米/分钟的速度向正北逃窜，同时我军摩托车从河的南岸 B 处向正东追击，速度为 2 千米/分钟. 问我军摩托车何时射击最好(相距最近射击最好)？

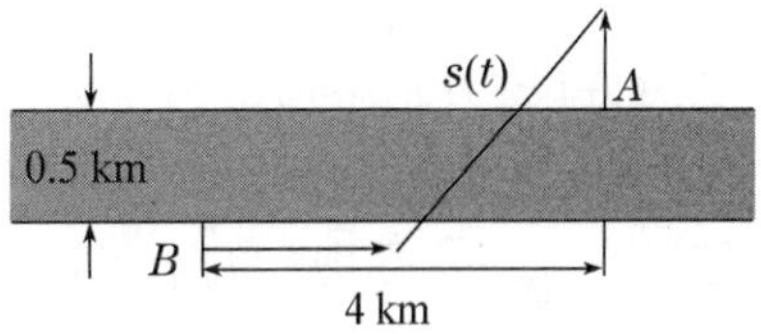

图 2.2

解：(1) 建立敌我相距函数关系，设 t 为我军从 B 处发起追击至射击的时间(分)，则敌我相距函数为

$$s(t)=\sqrt{(0.5+t)^2+(4-2t)^2}.$$

(2) 求 $s=s(t)$最小值点，其导数为

$$s'(t)=\frac{5t-7.5}{\sqrt{(0.5+t)^2+(4-2t)^2}}.$$

令 $s'(t)=0$，得唯一驻点 $t=1.5$，故我军从 B 处发起追击后 1.5 分钟射击最好.

【案例 2.17】(最小二乘原理)对某件物品的长度进行 n 次测量，得到 n 个不完全相同的测量数据 $x_1,x_2,\cdots,x_n$，试问用什么样的数据 $\overline{x}$ 来表示该物品的长度，才能使偏差的平方和 $I(\overline{x})=\sum_{k=1}^{n}(x_k-\overline{x})^2$ 为最小？

解：由题意得 $I'(\overline{x})=-2\sum_{k=1}^{n}(x_k-\overline{x})^2=2[n\overline{x}-(x_1+x_2+\cdots+x_n)]$.

令 $I'(\overline{x})=0$，得 $I(\overline{x})$的唯一驻点 $\overline{x}=\frac{1}{n}(x_1+x_2+\cdots+x_n)$.

由于恒有 $I''(\overline{x})=2n>0$，所以这个驻点就是使偏差的平方和取最小值的点，它恰好为 n 个测量数据的算术平均值.

【案例 2.18】(容器的设计)要设计一个容积为 500 mL 的圆柱形容器，问其底面半径与高的比值为多少时容器所耗材料最少？

解：由题意得 $S=2\pi rh+2\pi r^2$.

因为$V=500=\pi r^2 h$，所以$h=\frac{500}{\pi r^2}$.

代入$S=2\pi rh+2\pi r^2$，得$S=\frac{1\,000}{r}+2\pi r^2$，所以$S'=-\frac{1\,000}{r^2}+4\pi r$.

令$S'=0$，得$r=\left(\frac{500}{2\pi}\right)^{\frac{1}{3}}$.

代入$500=\pi r^2 h$，得$h=\left(\frac{500}{\pi}\right)^{\frac{1}{3}}$.

故$\frac{r}{h}=\frac{1}{2}$.

【案例 2.19】(油管铺设路线的设计)要铺设一石油管道，将石油从炼油厂输送到石油罐装点，如图 2.3 所示. 炼油厂附近有条宽 2.5 km 的河，罐装点在炼油厂的对岸沿河下游 10 km 处. 如果在水中铺设管道的费用为 6 万元/km，在河边铺设管道的费用为 4 万元/km. 试在河边找一点 P，使管道铺设费最低.

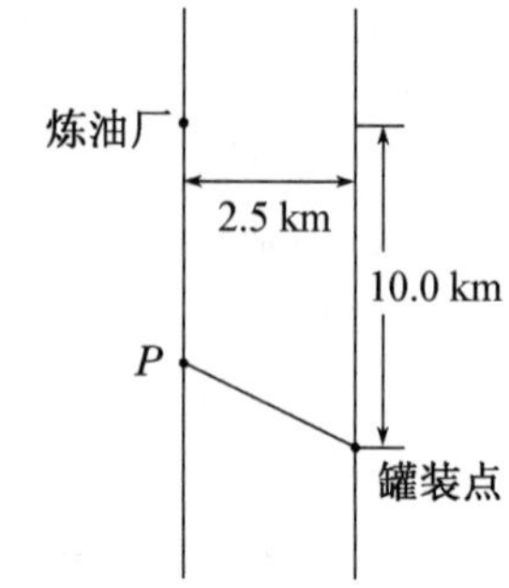

图 2.3

解:设点 P 距离炼油厂 x km，则管道铺设费为

$$y=4x+6\sqrt{(10-x)^2+6.25},\quad 0\leqslant x\leqslant 10.$$

$$y'=4-\frac{6\times(10-x)}{2\sqrt{(10-x)^2+6.25}}.$$

令$y'=0$，得$x=10\pm\frac{10}{\sqrt{20}}$.

因为$0\leqslant x\leqslant 10$，所以当$x\approx 7.764$时，最低管道铺设费为$y\approx 51.18$万元.

【案例 2.20】(绝对误差)设已测得一根圆柱的直径为 43 cm，并已知在测量中绝对误差不超过 0.2 cm，试用此数据计算圆柱的横截面面积所引起的绝对误差与相对误差.(注:若某个量的准确值为x，它的近似值为x^*，称$|\Delta x|=|x-x^*|$为x^*的绝对误差；当$x\neq 0$时，称$\left|\frac{x-x^*}{x^*}\right|$为$x^*$的相对误差.)

解:因为$D=43$，$|\Delta D|\leqslant 0.2$，

所以$A=\frac{1}{4}\pi D^2=\frac{1}{4}\pi\times 43^2=462.25\pi$，

$\Delta A\approx \mathrm{d}A=\frac{1}{2}\pi D\cdot\Delta D=\frac{1}{2}\pi\times 43\times 0.2=4.3\pi$.

故绝对误差为$|\Delta A|\approx|\mathrm{d}A|=4.3\pi$，

相对误差为$\left|\frac{\Delta A}{A}\right|\approx\left|\frac{\mathrm{d}A}{A}\right|=\frac{\frac{1}{2}\pi D\cdot\Delta D}{\frac{1}{4}\pi D^2}=2\cdot\frac{|\Delta D|}{D}=2\times\frac{0.2}{43}\approx 0.93\%$.

【案例 2.21】(放大电路)某一负反馈放大电路，记其开环电路的放大倍数为A，闭环电路的放大倍数为A_f，则它们二者有函数关系$A_f=\frac{A}{1+0.01A}$. 当$A=10^4$时，由于受环境温度变化的影响，A变化了 10%，求A_f的变化量是多少？A_f的相对变化量又为多少？

解:当$A=10^4$时，$A_f\approx 100$.

因为 $\Delta A_f \approx \mathrm{d}A_f = (A_f)'\Delta A = \dfrac{\Delta A}{(1+0.01A)^2}$，

所以 $\Delta A_f\big|_{A=10^4,\Delta A=10^3} \approx \dfrac{\Delta A}{(1+0.01A)^2}\Big|_{A=10^4,\Delta A=10^3} = 0.098$，

$\dfrac{\Delta A_f}{A_f} = \dfrac{0.098}{100} = 9.8\times 10^{-4}$.

【案例 2.22】(曲率的表示与求法)在工程技术中，为了描述曲线的弯曲程度，把曲线弧 $\overset{\frown}{MN}$的切线转角 $\Delta\alpha$ 与该弧长 Δs 之比的绝对值的极限(当 $\Delta\alpha\to 0$ 时)定义为曲线在 M 点的曲率，记为 K，即 $K=\lim\limits_{\Delta\alpha\to 0}\left|\dfrac{\Delta\alpha}{\Delta s}\right|$. 设函数 $f(x)$具有二阶导数，则曲线 $y=f(x)$在任意一点 $M(x,y)$处的曲率计算公式为 $K=\dfrac{|y''|}{(1+y'^2)^{\frac{3}{2}}}$. 试分别求出直线 $y=ax+b$，圆 $x^2+y^2=R^2$，以及抛物线 $y=x^2$ 的曲率.

解：对于直线 $y=ax+b$，有 $y'=a$，$y''=0$，代入曲率计算公式得 $K=0$，即直线的曲率为零，这与人们"直线没有弯曲"的直觉是一致的.

对于圆 $x^2+y^2=R^2$，有 $y'=-\dfrac{x}{y}$，$y''=-\dfrac{R^2}{y^3}$，代入曲率计算公式得

$$K=\frac{|y''|}{(1+y'^2)^{\frac{3}{2}}}=\frac{1}{R},$$

即圆周上任一点的曲率相等，其值等于圆的半径的倒数.

对于抛物线 $y=x^2$，有 $y'=2x$，$y''=2$，代入曲率计算公式得

$$K=\frac{|y''|}{(1+y'^2)^{\frac{3}{2}}}=\frac{2}{(1+4x^2)^{\frac{3}{2}}}.$$

练习题 2.1

一、填空题(每小题 4 分,共 20 分)

1. 设函数 $f(x)=\begin{cases} x^2\sin\dfrac{1}{x}, & x\neq 0, \\ 0, & x=0, \end{cases}$ 则 $f'(0)=$____________.

2. 在曲线 $y=x^2$ 上取两点 $(0,0)$ 与 $(1,1)$,作过这两点的割线,则该曲线在点____________处的切线____________平行于这条割线.

3. 曲线 $y=\sqrt{x}+1$ 在 $(1,2)$ 处的切线斜率是____________.

4. 曲线 $y=\sin x$ 在 $\left(\dfrac{\pi}{2},1\right)$ 处的切线方程是____________.

5. 一物体做变速直线运动,其位移关于时间(单位:s)的函数为 $s(t)=t^3$(单位:m),则其速度函数 $v(t)=$____________(单位:m/s),该物体 1 s 时的瞬时速度为____________.

二、单选题(每小题 4 分,共 20 分)

1. 设 $f(0)=0$ 且极限 $\lim\limits_{x\to 0}\dfrac{f(x)}{x}$ 存在,则 $\lim\limits_{x\to 0}\dfrac{f(x)}{x}=$(　　).

A. $f(0)$　　B. $f'(0)$　　C. $f'(x)$　　D. 0

2. 设 $f(x)$ 在 x_0 可导,则 $\lim\limits_{h\to 0}\dfrac{f(x_0-2h)-f(x_0)}{2h}=$(　　).

A. $-2f'(x_0)$　　B. $f'(x_0)$　　C. $2f'(x_0)$　　D. $-f'(x_0)$

3. 设 $f(x)=e^x$,则 $\lim\limits_{\Delta x\to 0}\dfrac{f(1+\Delta x)-f(1)}{\Delta x}=$(　　).

A. e　　B. 2e　　C. $\dfrac{1}{2}$e　　D. $\dfrac{1}{4}$e

4. 设 $f(x)=x(x-1)(x-2)\cdots(x-99)$,则 $f'(0)=$(　　).

A. 99　　B. -99　　C. 99!　　D. $-99!$

5. 下列结论中正确的是(　　).

A. 若 $f(x)$ 在点 x_0 有极限,则 $f(x)$ 在点 x_0 可导

B. 若 $f(x)$ 在点 x_0 连续,则 $f(x)$ 在点 x_0 可导

C. 若 $f(x)$ 在点 x_0 可导,则 $f(x)$ 在点 x_0 有极限

D. 若 $f(x)$ 在点 x_0 有极限,则 $f(x)$ 在点 x_0 连续

三、计算题(第 1 题 24 分,第 2、3 题各 6 分,共 36 分)

1. 求下列函数的导数 y':

(1) $y=(x\sqrt{x}+3)e^x$.　　(2) $y=\cot x+x^2\ln x$.

(3) $y=\frac{x^2}{\ln x}$.　　　　(4) $y=x^4-\sin x\ln x$.

2. 设 $y=x\ln x+\frac{1}{\sqrt{x}}$,求 $\left.\frac{\mathrm{d}y}{\mathrm{d}x}\right|_{x=1}$.

3. 设 $f\left(\frac{1}{x}\right)=x^2+\frac{1}{x}+1$,求 $f'(1)$.

四、应用题(每小题 12 分,共 24 分)

1. 求曲线 $y=\ln x$ 在点(e,1)处的切线和法线方程.

2. 以初速 v_0 上抛的物体,其上升高度 s 与时间 t 的关系为 $s=v_0t-\frac{1}{2}gt^2$,求:(1) 该物体的速度 $v(t)$;(2) 该物体达到最高点的时间.

练习题 2.2

一、填空题(每小题 4 分,共 20 分)

1. 设 $y=\sin e^{\frac{1}{x}}$,则 $y'=$____________.
2. 设 $y=x^{2x}$,则 $y'=$____________.
3. 曲线 $x^2-xy+y^2=3$ 在点$(0,\sqrt{3})$处的切线方程为____________.
4. 设 $y=e^{\cos x}$,则 $y''(0)=$____________.
5. 设 $y=\sin\dfrac{1}{x}+\cos\dfrac{1}{x}$,则 $dy=$____________.

二、单选题(每小题 4 分,共 20 分)

1. 设 $f(x)=e^{\sin 2x}$,则 $f'(x)=($　　$)$.

   A. $e^{\sin 2x}\cos 2x$　　B. $-e^{\sin 2x}\cos 2x$

   C. $-2e^{\sin 2x}\cos 2x$　　D. $2e^{\sin 2x}\cos 2x$

2. 设方程 $x^2y+2y^3=1$ 确定函数 $y=y(x)$,则 $y'=($　　$)$.

   A. $\dfrac{1}{2x+6y^2}$　　B. $\dfrac{1}{2xy+6y^2}$

   C. $\dfrac{2xy}{x^2+6y^2}$　　D. $-\dfrac{2xy}{x^2+6y^2}$

3. 曲线 $y=x^x$ 在点$(1,1)$处的法线方程为(　　).

   A. $x+y-2=0$　　B. $x+y+2=0$

   C. $x+y=0$　　D. $x-y=0$

4. 设 $f(x)=\ln\cos x$,则 $f''(x)=($　　$)$.

   A. $\tan x$　　B. $-\tan x$　　C. $\sec^2 x$　　D. $-\sec^2 x$

5. 设 $y=\cos x^2$,则 $dy=($　　$)$.

   A. $-2x\cos x^2dx$　　B. $2x\cos x^2dx$

   C. $-2x\sin x^2dx$　　D. $2x\sin x^2dx$

三、计算题(每小题 5 分,共 60 分)

1. 求下列函数的导数 y':

(1) $y=x^e+e^{x^2}$.　　(2) $y=\sqrt[3]{x+\sqrt{x}}$.

2. 在下列方程中，$y=y(x)$是由方程确定的函数，求 y'：

(1) $y\cos x=e^{2y}$.

(2) $y=5^x+2^y$.

(3) $y^2=x+\dfrac{\ln y}{x}$.

(4) $e^x-e^y=\sin(xy)$.

3. 求下列函数的二阶导数：

(1) $y=x\ln x$.

(2) $y=3^{x^2}$.

4. 求下列函数的微分 dy：

(1) $y=\cot x+\csc x$.

(2) $y=\sin^2(e^x)$.

(3) $y=\arctan\sqrt{x}+\ln(1+2^x)+\cos\dfrac{\pi}{5}$.

(4) $y=\ln(x+\sqrt{1+x^2})$.

练习题 2.3

一、填空题(每小题 4 分,共 20 分)

1. 在$[\pi,2\pi]$上,函数 $f(x)=\sin x$ 满足罗尔定理中的 $\xi=$____________.

2. 在$[0,1]$上,函数 $f(x)=\ln(x+1)$满足拉格朗日中值定理中的 $\xi=$____________.

3. 设 $f(x)=x(x-1)(x-2)$,则方程 $f'(x)=0$ 有____________个实根,分别位于区间____________________内.

4. $\lim\limits_{x\to+\infty}\dfrac{x^2}{x+e^x}=$____________.

5. $\lim\limits_{x\to+\infty}\left(\dfrac{x}{\ln x}-\dfrac{1}{x\ln x}\right)=$____________.

二、单选题(每小题 4 分,共 20 分)

1. 若函数 $f(x)$满足条件(　　),则存在 $\xi\in(a,b)$,使得 $f(\xi)=\dfrac{f(b)-f(a)}{b-a}$.

A. 在(a,b)内连续　　　　B. 在(a,b)内可导

C. 在(a,b)内连续且可导　　　　D. 在$[a,b]$上连续,在(a,b)内可导

2. 下列函数中,在区间$[-1,1]$上满足罗尔定理条件的是(　　).

A. $y=\dfrac{1}{x}$　　B. $y=|x|$　　C. $y=1-x^2$　　D. $y=x-1$

3. 下列函数中,在区间$[1,e]$上满足拉格朗日中值定理条件的是(　　).

A. $y=\ln(\ln x)$　　B. $y=\ln x$　　C. $y=\dfrac{1}{\ln x}$　　D. $y=\ln(2-x)$

4. 下列求极限问题中能够使用洛必达法则的是(　　).

A. $\lim\limits_{x\to0}\dfrac{x^2\sin\dfrac{1}{x}}{\sin x}$　　　　B. $\lim\limits_{x\to1}\dfrac{1-x}{1-\sin\dfrac{\pi}{2}x}$

C. $\lim\limits_{x\to\infty}\dfrac{x-\sin x}{x\sin x}$　　　　D. $\lim\limits_{x\to0}x\left(\dfrac{\pi}{2}-\arctan x\right)$

5. 求极限 $\lim\limits_{x\to\infty}\dfrac{x-\sin x}{x+\sin x}$,下列解法正确的是(　　).

A. 用洛必达法则,原式$=\lim\limits_{x\to\infty}\dfrac{1-\cos x}{1+\cos x}=\lim\limits_{x\to\infty}\dfrac{\sin x}{-\sin x}=-1$

B. 该极限不存在

C. 原式$=\lim\limits_{x\to\infty}\dfrac{1-\dfrac{\sin x}{x}}{1+\dfrac{\sin x}{x}}=\lim\limits_{x\to\infty}\dfrac{1-1}{2}=0$

D. 原式$=\lim\limits_{x\to\infty}\dfrac{1-\dfrac{\sin x}{x}}{1+\dfrac{\sin x}{x}}=\lim\limits_{x\to\infty}\dfrac{1-0}{1+0}=1$

三、求下列极限(每小题 5 分,共 50 分)

1. $\lim\limits_{x\to1}\dfrac{x^3-3x+2}{x^3-x^2-x+1}$.

2. $\lim\limits_{x\to+\infty}\dfrac{x+1}{e^{2x}}$.

3. $\lim\limits_{x\to\pi}\dfrac{\sin 3x}{\tan 7x}$.

4. $\lim\limits_{x\to+\infty}\dfrac{\ln\left(1+\dfrac{1}{x}\right)}{\operatorname{arccot} x}$.

5. $\lim\limits_{x\to0}\dfrac{2^x-3^x}{\sin x}$.

6. $\lim\limits_{x\to+\infty}\dfrac{e^x+\sin x}{e^x-\cos x}$.

7. $\lim\limits_{x\to 0}\dfrac{x^3}{x-\sin x}$.

8. $\lim\limits_{x\to 0}\dfrac{e^x-x-1}{x\tan x}$.

9. $\lim\limits_{x\to 0}\dfrac{x^2+2\cos x-2}{x^3\ln(1+x)}$.

10. $\lim\limits_{x\to 0}\dfrac{x-\tan x}{x^2\tan x}$.

四、证明题（本题 10 分）

验证拉格朗日中值定理对函数 $f(x)=3\sqrt{x}-4x$ 在区间$[1,4]$上的正确性.

练习题 2.4

一、填空题(每小题 4 分,共 20 分)

1. 设 $f(x)$在(a,b)内可导,$x_0\in(a,b)$,且当 $x<x_0$ 时,$f'(x)<0$;当 $x>x_0$ 时,$f'(x)>0$,则 x_0是 $f(x)$的____________点.

2. 若函数 $f(x)$在点 x_0 可导,且 x_0 是 $f(x)$的极值点,则 $f'(x_0)=$____________.

3. 函数 $y=\ln(1+x^2)$的单调减少区间是____________.

4. 函数 $f(x)=e^{x^2}$ 的单调增加区间是____________.

5. 方程 $x^5+x-1=0$ 在实数范围内有____________个实根.

二、单选题(每小题 4 分,共 20 分)

1. 函数 $f(x)=x^2+4x-1$ 的单调增加区间是(　　).

A. $(-\infty,2)$　　B. $(-1,1)$　　C. $(2,+\infty)$　　D. $(-2,+\infty)$

2. 函数 $y=x^2+4x-5$ 在区间$(-6,6)$内满足(　　).

A. 先单调下降再单调上升　　B. 单调下降

C. 先单调上升再单调下降　　D. 单调上升

3. 函数 $f(x)$满足 $f'(x)=0$ 的点,一定是 $f(x)$的(　　).

A. 间断点　　B. 极值点　　C. 驻点　　D. 零点

4. 设 $f(x)$在(a,b)内有连续的二阶导数,$x_0\in(a,b)$,若 $f(x)$满足(　　),则 $f(x)$在 x_0 取到极小值.

A. $f'(x_0)>0, f''(x_0)=0$　　B. $f'(x_0)<0, f''(x_0)=0$

C. $f'(x_0)=0, f''(x_0)>0$　　D. $f'(x_0)=0, f''(x_0)<0$

5. 设函数 $f(x)=a\cos x-\frac{1}{2}\cos 2x$ 在点 $x=\frac{\pi}{3}$处取得极值,则 $a=$(　　).

A. 0　　B. $\frac{1}{2}$　　C. 1　　D. 2

三、计算题(每小题 14 分,共 42 分)

1. 求下列函数的单调区间:

(1) $y=\frac{x^2-1}{x}$.　　(2) $y=9x^3-\ln x$.

2. 求下列函数在指定区间内的单调性：

(1) $y=\frac{1}{x}\ln x$ 在区间 $(0,+\infty)$ 内.

(2) $y=x-2\sin x$ 在区间 $[0,3]$ 内.

3. 求下列函数的极值：

(1) $y=-x^4+2x^2$.

(2) $y=2-(x+1)^{\frac{2}{3}}$.

四、证明题(每小题 9 分，共 18 分)

1. 利用单调性证明不等式：当 $x>0$ 时，$1+\frac{1}{2}x>\sqrt{1+x}$.

2. 证明方程 $x^3+2x-\sin x-1=0$ 在 $(0,1)$ 内仅有一个实根.

(提示：用零值定理和函数单调性证明.)

练习题 2.5

一、填空题(每小题 4 分,共 20 分)

1. 若函数 $f(x)$ 在 $[a,b]$ 内恒有 $f'(x)<0$,则 $f(x)$ 在 $[a,b]$ 上的最大值是__________.

2. 函数 $f(x)=\dfrac{x-1}{x+1}$ 在区间 $[0,4]$ 上的最大值为__________,最小值为__________.

3. 曲线 $y=2+5x-3x^3$ 的拐点是__________.

4. 若点 $(1,0)$ 是函数 $f(x)=ax^3+bx^2+2$ 的拐点,则 $a=$__________,$b=$__________.

5. 曲线 $y=\dfrac{\sin 2x}{x(2x+1)}$ 的垂直渐近线为__________.

二、单选题(每小题 4 分,共 20 分)

1. 设 $f(x)=\dfrac{1}{3}x^3-x$,则 $x=1$ 为 $f(x)$ 在 $[-2,2]$ 上的(　　).

A. 极小值点,但不是最小值点　　B. 极小值点,也是最小值点

C. 极大值点,但不是最大值点　　D. 极大值点,也是最大值点

2. 设 $f(x)$ 在 (a,b) 内有连续的二阶导数,且 $f'(x)<0$,$f''(x)<0$,则 $f(x)$ 在此区间内是(　　).

A. 单调减少且是凸的　　B. 单调减少且是凹的

C. 单调增加且是凸的　　D. 单调增加且是凹的

3. 曲线 $y=e^{-x^2}$(　　).

A. 没有拐点　　B. 有一个拐点　　C. 有两个拐点　　D. 有三个拐点

4. 曲线 $y=x\sin\dfrac{1}{x}$(　　).

A. 仅有水平渐近线　　B. 既有水平渐近线,又有垂直渐近线

C. 仅有垂直渐近线　　D. 既无水平渐近线,又无垂直渐近线

5. 下列曲线中既有水平渐近线,又有垂直渐近线是(　　).

A. $y=\dfrac{x^3+x}{\sin 2x}$　　B. $y=\dfrac{x^2+3}{x-1}$　　C. $y=\ln\left(3-\dfrac{e}{x}\right)$　　D. $y=xe^{-x^2}$

三、计算题(每小题 10 分,共 20 分)

1. 求函数 $y=\dfrac{x^2}{x+1}$ 在区间 $\left[-\dfrac{1}{2},1\right]$ 上的最大值和最小值.

2. 求函数 $y=x^4(12\ln x-7)$的凹凸区间和拐点.

四、应用题(每小题 10 分,共 40 分)

1. 求曲线 $y^2=2x$ 上的点,使其到点 $A(2,0)$的距离最短.

2. 圆柱体上底的中心到下底的边沿的距离为 L,问当底面半径与高分别为多少时,圆柱体的体积最大?

3. 一体积为 V 的无盖圆柱形容器,问底面半径与高各为多少时表面积最小?

4. 欲做一个底为正方形,容积为 62.5 m^3 的长方体开口容器,怎样做可以使用料最省?

测试题 2.1

一、填空题(每小题 4 分,共 20 分)

1. 设 $f(x)=\frac{1}{3}x^3-1$,则 $f[f'(x)]=$________.

2. 已知 $f'(x_0)=3$,则 $\lim\limits_{\Delta x\to 0}\frac{f(x_0-2\Delta x)-f(x_0)}{\Delta x}=$________.

3. 设 $f(x)=(x-3)(x-4)(x-5)(x-6)$,则 $f'(4)=$________.

4. 在曲线 $y=x^2+1$ 上,点________处的切线平行于直线 $4x-2y-1=0$.

5. 在曲线 $y=\mathrm{e}^{-x}$ 上,点(0,1)处的法线方程为________.

二、单选题(每小题 4 分,共 20 分)

1. 下列命题中正确的是(　　).

A. 若 $f(x)$在点 x_0 处连续,则 $f(x)$在点 x_0 处可导

B. 若 $y=f(x)$在点$(x_0,f(x_0))$处有切线,则 $f(x)$在点 x_0 处可导

C. 若 $f(x)$在点 x_0 处可导,则 $f(x)$在点 x_0 处可微

D. 若 $x\to x_0$ 时,$f(x)$的极限存在,则 $f(x)$在点 x_0 处可导

2. 若 $f(x)$在点 x_0 处连续,则有(　　).

A. $\lim\limits_{x\to x_0}f(x)=A\neq f(x_0)$　　B. $f(x)$在点 x_0 处可导

C. $\lim\limits_{x\to x_0}f(x)=f(x_0)$　　D. $f(x)$在点 x_0 处可微

3. 设 $f(x)=\frac{1}{2}x^2(x-1)(x-2)\cdots(x-100)$,则 $f''(0)=$(　　).

A. 100　　B. 100!　　C. -100　　D. $-100!$

4. 已知质点运动方程为 $s=\frac{1}{6}t^3-\frac{1}{2}t^2+1$,则质点在 $t=2$ 时的速度 v、加速度 a 分别为(　　).

A. $v=0,a=1$　　B. $v=0,a=-1$

C. $v=1,a=1$　　D. $v=1,a=-1$

5. 设 $y=f(u),u=\varphi(x)$均可导,则 $\mathrm{d}y=$(　　).

A. $\frac{\mathrm{d}y}{\mathrm{d}u}\mathrm{d}x$　　B. $\frac{\mathrm{d}u}{\mathrm{d}x}\mathrm{d}x$　　C. $\frac{\mathrm{d}y}{\mathrm{d}u}\frac{\mathrm{d}u}{\mathrm{d}x}$　　D. $\frac{\mathrm{d}y}{\mathrm{d}u}\frac{\mathrm{d}u}{\mathrm{d}x}\mathrm{d}x$

三、计算题(每小题 5 分,共 45 分)

1. 设 $y=\frac{\cos x-1}{\sin x+1}$,求 $\mathrm{d}y$.　　2. 设 $y=\mathrm{e}^{-x}\cdot\ln(2-x)$,求 y_x'.

3. 设 $y=\sin(\ln^2 x)$,求 $\mathrm{d}y$.

4. 设 $y=2^{\arctan\frac{1}{x}}$,求 $y_x{}'$.

5. 设 $f(x)=\dfrac{x}{1+\sqrt{x}}$,求 $f'(1)$.

6. 设 $y=(\sin x)^x$,求 $y_x{}'$.

7. 设 $y=\sqrt{\dfrac{(x+1)(2-3x)}{(5x+1)^3}}$,求 $y_x{}'$.

8. 设 $f(x)=xe^{-2x}$,求 $f''(x)$.

9. 设方程 $e^{xy}+x-y^2=0$ 确定函数 $y=y(x)$,求 $y_x{}'$.

四、综合题(第 1 题 7 分,第 2 题 8 分,共 15 分)

1. 设 $f\left(\dfrac{1}{2}x\right)=\sin x$,分别求 $f'(x)$、$f'[f(x)]$.

2. 设方程 $e^y+xy=e$ 确定函数 $y=y(x)$,求 $f''(0)$.

测试题 2.2

一、填空题(每小题 3 分,共 18 分)

1. 若 $f(x)$在$[a,b]$连续,在(a,b)可导,则在(a,b)内至少有一点 c,使得____________成立.

2. 函数 $f(x)=x-\ln(x+1)$的单调减少区间为____________.

3. 函数 $f(x)=xe^x$ 的极小值点为____________.

4. 曲线 $y=x^3-3x^2+3x$ 的拐点的坐标是____________.

5. 曲线 $y=e^{-x^2}$ 的凸区间是____________.

6. 曲线 $y=\dfrac{1}{x}e^{-x}$的水平渐近线为____________,垂直渐近线为____________.

二、单选题(每小题 3 分,共 24 分)

1. 函数 $y=x-\arcsin x$ 的单调减少区间是(　　).
   A. $(-\infty,+\infty)$　　B. $(0,+\infty)$
   C. $(-\infty,0)$　　D. $(-1,1)$

2. 下列在指定区间是单调增函数的为(　　).
   A. $y=|x|,(-1,1)$　　B. $y=\sin x,(-\infty,+\infty)$
   C. $y=-x^2,(-\infty,0)$　　D. $y=3^{-x},(0,+\infty)$

3. 已知 $f(x)=ax^3-x^2-x-1$ 在 $x_0=1$ 处有极小值,则 a 的值为(　　).
   A. 1　　B. $\dfrac{1}{3}$　　C. 0　　D. $-\dfrac{1}{3}$

4. 曲线 $y=x^2(x-6)$在区间$(4,+\infty)$是(　　).
   A. 单调增加且是凸的　　B. 单调增加且是凹的
   C. 单调减少且是凸的　　D. 单调减少且是凹的

5. 若 $f(x)$在 $x_0=c$ 可导且 $f'(c)=0$,则点 c 是 $f(x)$的(　　).
   A. 驻点　　B. 极值点　　C. 拐点　　D. 最值点

6. 下列命题中正确的是(　　).
   A. 若 $f'(c)=0$,则 $x_0=c$ 必是 $f(x)$的极值点
   B. 若 $x_0=c$ 是 $f(x)$的极值点,则必有 $f'(c)=0$
   C. 函数 $f(x)$的极值点可以不是 $f(x)$的驻点
   D. 若 $f(x)$满足 $f''(c)=0$,则点$(c,f(c))$是曲线 $f(x)$的拐点

7. 曲线 $y=x\ln\left(1+\dfrac{1}{x}\right)$的水平渐近线是(　　).
   A. $y=0$　　B. $y=1$　　C. $x=0$　　D. $x=1$

8. 曲线 $y=\dfrac{1}{\sqrt{1-x^2}}$的垂直渐近线是(　　).
   A. $x=\pm1$　　B. $y=\pm1$　　C. $x=0$　　D. $x=1$

三、求下列各极限(每小题 5 分,共 30 分)

1. $\lim\limits_{x\to 0}\dfrac{e^x-e^{-x}-2x}{x-\sin x}$.

2. $\lim\limits_{x\to +\infty}\dfrac{\ln x}{x+2\sqrt{x}}$.

3. $\lim\limits_{x\to 0^+}x^{100}\ln x$.

4. $\lim\limits_{x\to 1}\left(\dfrac{1}{x-1}-\dfrac{x}{\ln x}\right)$.

5. $\lim\limits_{x\to 0}x^2 e^{\frac{1}{x^2}}$.

6. $\lim\limits_{x\to 0}\left(\dfrac{1}{\sin x}-\dfrac{1}{x}\right)$.

四、综合题(每小题 7 分,共 14 分)

1. 设 $y=x^3-3x^2-9x+10$,求单调区间、凹凸区间、极值与拐点.

2. 设 $y=(2x-5)\cdot\sqrt[3]{x^2}$,求单调区间与极值.

五、应用题(每小题 7 分,共 14 分)

1. 在抛物线 $y=1-x^2$ 与 x 轴所围区域中内接一个矩形,求这个矩形的最大面积.

2. 过平面上定点 $P(1,1)$ 引一条直线,使它在两个坐标轴上的截距都是正的,且两截距之和最小,求这条直线的方程.

第3章　一元函数积分学及应用案例与练习

内容提要

本章的主要内容是不定积分和定积分.

不定积分部分的基本内容:原函数与不定积分的概念,不定积分的性质,不定积分的基本公式,不定积分的计算方法(第一类换元积分法,第二类换元积分法和分部积分法).

定积分部分的基本内容:定积分的定义、性质和几何意义,定积分的计算(牛顿-莱布尼兹公式,定积分的换元积分法和分部积分法),定积分的几何应用(求平面曲线围成的图形面积以及旋转体体积).

为了帮助大家更好地理解、掌握和应用这些内容,我们编写了下面的案例与练习.

疑难解析

一、关于原函数与不定积分

1. 原函数与不定积分是两个不同的概念,它们之间有着密切的联系. $f(x)$的原函数若存在,则原函数有无穷多个,任意的两个原函数之间相差一个常数,在求 $f(x)$的不定积分 $\int f(x)\mathrm{d}x$ 时,只需求出 $f(x)$的一个原函数 $F(x)$,再加上任意一个常数 C 即可,即 $\int f(x)\mathrm{d}x = F(x)+C$.

2. 原函数 $F(x)$与不定积分 $\int f(x)\mathrm{d}x$ 是个体与全体的关系,$F(x)$是 $f(x)$的一个原函数,而 $\int f(x)\mathrm{d}x$ 是 $f(x)$的全部原函数.

二、关于换元积分法

换元积分法是把原来的被积表达式作适当的换元,使之化为适合基本积分公式中的某一形式,再求不定积分的方法.

1. 第一类换元积分法(凑微分法)

大家需对基本积分公式熟悉,在熟悉的基础上,才能灵活的应用相应公式,对于常用的凑微分公式在理解的基础上要熟记,在具体问题中,凑微分要根据被积函数的形式特点灵活应用,如求 $\int f(\tan x)\sec^2 x\mathrm{d}x$ 时,应将 $\sec^2 x\mathrm{d}x$ 凑成 $d\tan x$;求 $\int \frac{x}{1+x^2}\mathrm{d}x$,则转化成 $\frac{1}{2}\int \frac{1}{1+x^2}\mathrm{d}(x^2+1)$;求 $\int \frac{x^2}{1+x^2}\mathrm{d}x$,则转化成 $\int \frac{x^2+1-1}{1+x^2}\mathrm{d}x$;求 $\int \frac{x^3}{1+x^2}\mathrm{d}x$,则转化成

$\int \frac{x^3+x-x}{1+x^2}\mathrm{d}x$；求$\int \frac{x^4}{1+x^2}\mathrm{d}x$，则转化成$\int \frac{x^4-1+1}{1+x^2}\mathrm{d}x$.

2. 第二类换元积分法

被积函数中含有$\sqrt{a^2 \pm x^2}$或$\sqrt{x^2-a^2}$形式时，一般需要用三角代换去掉根号，其三种代换形式大家需要熟悉；常见的无理函数所采用的方法如表 3.1.

表 3.1

代换名称	被积函数含有	换元式
三角代换	$\sqrt{a^2-x^2}$	$x=a\sin t, t\in\left(-\frac{\pi}{2},\frac{\pi}{2}\right)$
	$\sqrt{a^2-x^3}$	$x=a\tan t, t\in\left(-\frac{\pi}{2},\frac{\pi}{2}\right)$
	$\sqrt{x^2-a^2}$	$x=a\sec t, t\in\left(0,\frac{\pi}{2}\right)$
无理代换	$\sqrt[n]{ax+b}$	$\sqrt[n]{ax+b}=5$，即 $x=\frac{1}{a}(t^n-b)$
	$\frac{1}{x^n}$	$\frac{1}{x}=t$，即 $x=\frac{1}{t}$
	$(ax+b)^{\frac{1}{n_1}},(ax+b)^{\frac{1}{n_2}}$	$t^n=(ax+b)$，n 为 n_1,n_2 的最小公倍数

定积分的换元法与不定积分的换元法类似，差别在于，在定积分的换元积分中，每进行一次变量替换，同时要将定积分的上下限做相应的改变(换元必换限)，而在关于新积分变量的原函数求出后，不要将新变量换成原积分中的变量. 当然也可以先换元求出不定积分，再换成原积分中的变量，最后再带入上下限，这需要根据大家自己的做题习惯，两种方法都可以.

三、关于分部积分法

一般当被积函数是两个函数的乘积形式时，即幂函数和指数函数乘积、幂函数与正(余)弦函数的乘积、幂函数与对数函数或反三角函数的乘积，以及指数函数与正(余)弦函数的乘积时，可以考虑用分部积分法求解.

用分部积分求积分时，需要将被积函数凑成$\int uv'\mathrm{d}x$或$\int u\mathrm{d}v$的形式，这一步类似于凑微分，这里关键是如何准确地选择谁做 u，谁做 v，选择不当，可能无法计算出结果. 通常情况下选择的原则是按“反对幂三指”顺序，前者选为 u，剩余部分为 $\mathrm{d}v$. 表 3.2 给出了分部积分求不定积分的题型即 u 和 $\mathrm{d}v$ 的选取法.

表 3.2

不定积分的题型	u、$\mathrm{d}v$ 的选取
$\int e^{ax}P(x)\mathrm{d}x$	$u=P(x)$，$\mathrm{d}v=e^{ax}\mathrm{d}x$
$\int P(x)\sin ax\mathrm{d}x$	$u=P(x)$，$\mathrm{d}v=\sin ax\mathrm{d}x$

不定积分的题型	u、$\mathrm{d}v$ 的选取
$\int P(x)\cos ax\,\mathrm{d}x$	$u=P(x)$，$\mathrm{d}v=\cos ax\,\mathrm{d}x$
$\int P(x)\ln x\,\mathrm{d}x$	$u=\ln x$，$\mathrm{d}v=P(x)\,\mathrm{d}x$
$\int P(x)\arcsin x\,\mathrm{d}x$	$u=\arcsin x$，$\mathrm{d}v=P(x)\,\mathrm{d}x$
$\int P(x)\arctan x\,\mathrm{d}x$	$u=\arctan x$，$\mathrm{d}v=P(x)\,\mathrm{d}x$
$\int \mathrm{e}^{ax}\sin bx\,\mathrm{d}x$ $\int \mathrm{e}^{ax}\cos bx\,\mathrm{d}x$	u，v 任意选取

定积分的分部积分，通常情况下边积边代限，便于积分过程简化.

四、关于有理函数积分

有理函数可分为以下三种类型：

1. 被积函数为多项式时，可直接利用积分公式求得.

2. 被积函数是有理真分式时，可通过待定系数法或是赋值法分解为如下的四种类型的最简分式的代数和：$\frac{A}{x-a}$，$\frac{A}{(x-a)^k}$，$\frac{Ax+B}{x^2+px+q}$，$\frac{Ax+B}{(x^2+px+q)^k}$

其中：p,q,k 为常数，$p^2-4q<0$，$k\neq1$.

3. 被积函数是有理假分式时，可通过分解因式转化成一个多项式和一个有理真分式之和，而这两式子的积分归结为以上两种方法积分. 如 $\int\frac{x^3+3x^2+12x+11}{x^2+2x+10}\mathrm{d}x$ 通过对被积函数分子进行因式分解 $x^3+3x^2+12x+11=(x^2+2x+10)(x+1)+1$，从而被积函数变成两个函数的积分 $\int(x+1)\mathrm{d}x+\int\frac{1}{x^2+2x+10}\mathrm{d}x$.

五、关于微积分基本公式

1. 变上限的函数

函数 $f(x)$ 在区间 $[a,b]$ 上连续，且 $x\in[a,b]$，则变上限的函数 $\Phi(x)=\int_0^x f(t)\mathrm{d}t$ 是关于 x 的函数，在 $[a,b]$ 上具有导数，且它的导数是 $\Phi'(x)=f(x)$. 此函数在专转本考试中，常见于极限求解中.

2. 牛顿-莱布尼茨公式

设 $F(x)$ 是连续函数 $f(x)$ 在区间 $[a,b]$ 上的一个原函数，则

$$\int_a^b f(x)\mathrm{d}x=F(x)\Big|_a^b=F(b)-F(a)$$

此式为牛顿-莱布尼茨公式，进一步揭示了定积分与原函数或不定积分之间的联系，它表明：一个连续函数在区间 $[a,b]$ 上的定积分等于它的任一原函数在区间 $[a,b]$ 上的增量，其

给定积分计算提供了一个有效而简便的方法.

案例分析

【案例 3.1】(原函数求解) 设 $F(x)$ 是 $f(x)$ 的原函数,且当 $x\geqslant 0$ 时,$f(x)F(x)=\frac{1}{2}xe^{x}$.已知 $F(0)=1$,$F(x)>0$,试求 $F(x)$.

解: 因为 $F(x)$ 是 $f(x)$ 的原函数,所以 $F'(x)=f(x)$,则 $2F'(x)F(x)=xe^{x}$,两边同时对 x 积分得

$$F^{2}(x)=\int xe^{x}dx=xe^{x}-e^{x}+C.$$

因为 $F(0)=1$,$F(x)>0$,所以 $F^{2}(0)=-1+C$,得到 $C=2$,则

$$F(x)=\sqrt{xe^{x}-e^{x}+2}(\text{因为 } F(x)>0).$$

【案例 3.2】(倒代换积分) 求 $\int\frac{dx}{x\sqrt{x^{12}-1}}$.

分析: 设 m,n 分别是被积函数的分子、分母关于 $(x\pm a)$ 的最高次数,一般当 $n-m>1$ 时,用倒代换可望成功.

解: 令 $x=\frac{1}{t}$,则 $dx=-\frac{1}{t^{2}}dt$,则

$$\text{原式}=\int\frac{t}{\sqrt{\frac{1}{t^{12}}-1}}\left(-\frac{1}{t^{2}}\right)dt=-\int\frac{t^{5}}{\sqrt{1-t^{12}}}dt=-\frac{1}{6}\int\frac{1}{\sqrt{1-(t^{6})^{2}}}d(t^{6})$$

$$=-\frac{1}{6}\arcsin t^{6}+C==-\frac{1}{6}\arcsin\frac{1}{x^{6}}+C.$$

【案例 3.3】(换元积分) 已知 $f(x)$ 二阶连续可导,试求 $\int xf''(2x-1)dx$.

分析: 当被积函数为抽象函数且含有中间变量时,一般均应先进行变量代换,化简后再计算积分.

解: 令 $u=2x-1$,则 $x=\frac{u+1}{2}$,$dx=\frac{1}{2}du$,所以

$$\int xf''(2x-1)dx=\int\frac{1}{2}(u+1)f''(u)\cdot\frac{1}{2}du=\frac{1}{4}\int(u+1)f''(u)du$$

$$=\frac{1}{4}\int(u+1)df'(u)=\frac{1}{4}(u+1)f'(u)-\frac{1}{4}\int f'(u)du$$

$$=\frac{1}{4}(u+1)f'(u)-\frac{1}{4}f(u)+C(\text{回代 } u=2x-1)$$

$$=\frac{x}{2}f'(2x-1)-\frac{1}{4}f(2x-1)+C.$$

【案例 3.4】(积分估值) 估计 $\int_{\frac{\pi}{4}}^{\frac{\pi}{3}}\frac{1}{1+\sin^{2}x}dx$ 的积分值.

分析: 对于本道题的解答,由定积分中的性质——估值定理可知,首先要求出被积函数

$f(x)=\dfrac{1}{1+\sin^2 x}$的最大值与最小值.

解:因为 $f'(x)=\dfrac{-2\sin x\cos x}{(1+\sin^2 x)^2}<0, x\in\left[\dfrac{\pi}{4},\dfrac{\pi}{3}\right]$,所以 $f(x)$在 $x\in\left[\dfrac{\pi}{4},\dfrac{\pi}{3}\right]$上为单调减函数,故 $f(x)$在其定义域内的最小值为 $m=\dfrac{1}{1+\sin^2\dfrac{\pi}{3}}=\dfrac{4}{7}$,最大值为 $M=\dfrac{1}{1+\sin^2\dfrac{\pi}{4}}=\dfrac{2}{3}$.

利用估值定理 $m(b-a)\leqslant\int_a^b f(x)\mathrm{d}x\leqslant M(b-a)$ 知

$$\frac{4}{7}\left(\frac{\pi}{3}-\frac{\pi}{4}\right)\leqslant\int_{\frac{\pi}{4}}^{\frac{\pi}{3}}\frac{1}{1+\sin^2 x}\mathrm{d}x\leqslant\frac{2}{3}\left(\frac{\pi}{3}-\frac{\pi}{4}\right),$$

即

$$\frac{\pi}{21}\leqslant\int_{\frac{\pi}{4}}^{\frac{\pi}{3}}\frac{1}{1+\sin^2 x}\mathrm{d}x\leqslant\frac{\pi}{18}.$$

【案例 3.5】(薄片质心坐标)一密度均匀的薄片,其边界由抛物线 $y^2=ax$ 与直线 $x=a$ 围成,求此薄片的质心坐标.

解:如图 3.1 所示,由对称性知,质心在 x 轴上,即$\bar{y}=0$,利用质心计算公式,有

$$\bar{x}=\frac{\int_{-a}^{a}\left(\frac{y^2}{a}\right)^2\mathrm{d}y}{\int_{-a}^{a}\frac{y^2}{a}\mathrm{d}y}=\frac{\frac{2}{a^2}\cdot\frac{a^5}{5}}{\frac{2}{a}\cdot\frac{a^3}{3}}=\frac{3}{5}a.$$

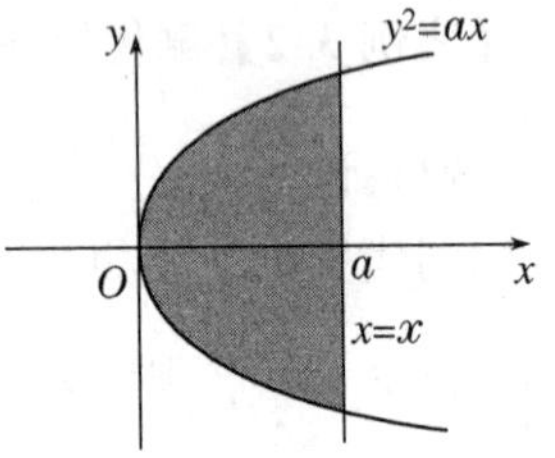

图 3.1

所以,薄片的质心坐标为$(\frac{3}{5}a,0)$.

【案例 3.6】(弹簧做功)一个弹簧,用 4 N 的力可以把它拉长 0.02 m,求把它拉长 0.1 m 所做的功.

解:由胡克定理 $F=kx$,得 $x=0.02$,把 $F=4$ 代入,得 $k=200$,于是 $F=200x$.

功微元为 $\mathrm{d}w=200x\mathrm{d}x$,因此所做的功为

$$w=\int_0^{0.1}200x\mathrm{d}x=1\text{ J}.$$

【案例 3.7】(抽水做功)一个圆柱形的容器,高 4 m,底面半径 3 m,装满水,问:把容器内的水全部抽完需做多少功?

解:本题属于变距离的做功问题,如图 3.2 所示,设水的密度为 ρ,则在某一点处的压强为 $p=g\rho h$,在某一面上的压力为

$$F=pA=9\pi g\rho h.$$

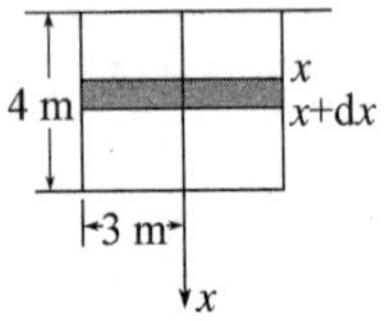

图 3.2

功的微元为

$$\mathrm{d}w=F\mathrm{d}h=9\pi\rho h\mathrm{d}h.$$

于是所需做的功为

$$w=\int_0^4 9\pi\rho h\,\mathrm{d}h=9\pi\rho\frac{h^2}{2}\bigg|_0^4=72\pi\rho.$$

【案例 3.8】(最优方案选择)某单位公布房改政策,规定每个没享受过福利分房待遇的人,可在下述两种方案中选择一个执行:

(1) 每月领取 1 200 元住房补贴,共领取 10 年;

(2) 每月领取 600 元住房补贴,共领取 25 年;

假如你是一个没享受过福利分房待遇的人,请你在这两个方案中选择一个,并用计算数据来说明你的选择理由(假如银行的购房贷款年利率为 5%,且以连续复利计息).

解:研究两种方案总补贴收入的现值

$$A_1=\int_0^{120}1\,200e^{-\frac{0.05}{12}t}dt=288\,000(1-e^{-0.5})\approx 113\,319\text{ 元},$$

$$A_2=\int_0^{3\,000}600e^{-\frac{0.05}{12}t}dt=144\,000(1-e^{-1.25})\approx 102\,743\text{ 元}.$$

显然第一方案优于第二方案,所以应该选择第一方案.

【案例 3.9】(广告策略)某出口公司每月销售额是 1 000 000 美元,平均利润是销售额的 10%.根据公司以往的经验,广告宣传期间月销售额的变化率近似地服从增长曲线 $1\,000\,000e^{0.02t}$(t 以月为单位),公司现在需要决定是否举行一次类似的总成本为 130 000 美元的广告活动.按惯例,对于超过 100 000 美元的广告活动,如果新增销售额产生的利润超过广告投资的 10%,则决定做广告.试问该公司按惯例是否应该做此广告?

解:12 个月后的总销售额是当 $t=12$ 时的定积分,即

$$\begin{aligned}\text{销售额}&=\int_0^{12}1\,000\,000e^{0.02t}dt=\left.\frac{1\,000\,000e^{0.02t}}{0.02}\right|_0^{12}\\&=50\,000\,000(e^{0.24}-1)\approx 13\,560\,000\text{ 美元}.\end{aligned}$$

公司的利润是销售额的 10%,所以新增销售额产生的利润是

$$0.1\times(13\,560\,000-12\,000\,000)=156\,000\text{ 美元}.$$

由于 156 000 美元利润是花费 130 000 美元的广告费而取得的,因此广告所产生的实际利润是 156 000−130 000=26 000 美元.

这表明赢利大于广告成本的 10%,公司应该做此广告.

【案例 3.10】(函数最值)设 $f(x)$为连续函数,且 $\int_0^{2x}xf(t)dt+2\int_x^0 tf(2t)dt=2x^3(x-1)$,求 $f(x)$在$[0,2]$上的最值.

分析:本题要想求出 $f(x)$的最值,首先应该知道函数 $f(x)$.

解:原方程的两端对 x 求导,则

$$\text{左端}=\int_0^{2x}f(t)dt+2xf(2x)-2xf(2x)=\int_0^{2x}f(t)dt,$$

$$\text{右端}=8x^3-6x^2,$$

所以

$$\int_0^{2x}f(t)dt=8x^3-6x^2.$$

两端再对 x 求导得

$$2f(2x)=24x^2-12x.$$

则 $f(2x)=6x(2x-1)=3\cdot 2x(2x-1)$,即 $f(x)=3x(x-1)$.

根据函数最值的性质可知,函数的最值一般在可疑极值点或是在端点处取得,则 $f'(x)=6x-3$,令 $f'(x)=0$,则驻点为 $x=\frac{1}{2}$.

因为 $f(0)=0, f(\frac{1}{2})=-\frac{3}{4}, f(2)=6$，所以函数 $f(x)$ 的最大值与最小值分别为 6，$-\frac{3}{4}$.

【案例 3.11】(极限求解) 求 $\lim\limits_{x\to 0}\dfrac{\int_0^x t^2\,dt}{\int_0^x (1-\cos t)\,dt}$.

分析：求定积分形式的极限时，一般都用罗比达法则.

解：原式为$\frac{0}{0}$型，因此由罗比达法则知

$$原式=\lim_{x\to 0}\frac{x^2}{1-\cos x}=\lim_{x\to 0}\frac{2x}{\sin x}=2\left(重要极限：\lim_{x\to 0}\frac{\sin x}{x}=1\right).$$

【案例 3.12】(隐函数求导) 求由方程 $\int_0^y e^t\,dt+\int_0^x \cos t\,dt=0$ 所确定的隐函数 $y=y(x)$ 的导数$\frac{dy}{dx}$.

分析：此题要求 $y=y(x)$ 的导数$\frac{dy}{dx}$，涉及变上限的定积分求导问题，在求解的过程中，一定要记住此时 $y=y(x)$ 是一个复合函数，使用公式：

$$\frac{d}{dx}\int_a^{\varphi(x)} f(t)\,dt=f[\varphi(x)]\varphi'(x).$$

解：方程的两端同时对 x 求导，得

$$e^y\frac{dy}{dx}+\cos x=0,$$

所以$\frac{dy}{dx}=-\frac{\cos x}{e^y}$.

【案例 3.13】(函数极值) 求函数 $f(x)=\int_0^x te^{-t^2}\,dt$ 的极值.

分析：求函数极值，首先要知道函数极值点的取得，可能在一阶导数为零的点，也可能在一阶不可导点处，因此先要对函数进行求导.

解：令 $f'(x)=xe^{-x^2}=0$，得 $x=0$（此题不存在一阶不可导点），则

x	$(-\infty,0)$	0	$(0,+\infty)$
$f'(x)$	$-$	0	$+$
$f(x)$	↘		↗

由上表可知，当 $x=0$ 时，函数有极小值 $f(0)=0$.

【案例 3.14】(判断根的个数) 设 $f(x)$ 在 $[0,1]$ 上连续，且 $f(x)<1$，现有 $F(x)=(2x-1)-\int_0^x f(t)\,dt$，证明：$F(x)$ 在 $(0,1)$ 内只有一个根.

分析：证明方程 $F(x)=0$ 的根唯一的问题，一般分两个步骤：第一步由零点定理证明方程 $F(x)=0$ 至少有一个实根；第二步由单调性证明方程 $F(x)=0$ 只有唯一的根.

证明：由题意得 $F(x)$ 在 $[0,1]$ 上连续，且 $F(0)=-1, F(1)=1-\int_0^1 f(t)\,dt$.

由条件 $f(x)<1$ 知，$\int_0^1 f(t)\mathrm{d}t < \int_0^1 1\mathrm{d}t = 1$，因此 $F(1) = 1 - \int_0^1 f(t)\mathrm{d}t > 0$.

由零点定理知，$F(x)=0$ 在 $(0,1)$ 上至少有一个实根.

又因为 $F'(x)=2-f(x)>0$（因为 $f(x)<1$），所以 $F(x)$ 在 $(0,1)$ 上是单调增函数，即 $F(x)$ 在 $(0,1)$ 内只有一个实根.

【案例 3.15】(奇偶函数积分) 求 $\int_{-1}^1 (\frac{x^3}{1+x^4} + x\sqrt{1-x^2} + \sqrt{1-x^2})\mathrm{d}x$.

分析： 本题看起来很复杂，但仔细分析之后会发现，只要知道定积分的一些性质，本题就迎刃而解. 大家记住一般只要遇到上下限互为相反数的时候，我们首先应想到被积函数的奇偶性.

设函数 $f(x)$ 在原点对称的区间 $[-a,a]$ 上可积，则

$$\int_{-a}^a f(x)\mathrm{d}x = \begin{cases} 2\int_0^a f(x)\mathrm{d}x, & f(x) \text{ 在}[-a,a] \text{ 为偶函数}, \\ 0, & f(x) \text{ 在}[-a,a] \text{ 为奇函数}. \end{cases}$$

解： 因为 $\frac{x^3}{1+x^4}$、$x\sqrt{1-x^2}$ 在 $[-1,1]$ 中都为奇函数，而 $\sqrt{1-x^2}$ 为偶函数，且 $\int_0^1 \sqrt{1-x^2}\mathrm{d}x$ 表示的是半径为 1 的四分之一圆的面积，所以

$$\int_{-1}^1 \left(\frac{x^3}{1+x^4} + x\sqrt{1-x^2} + \sqrt{1-x^2}\right)\mathrm{d}x = 2\int_0^1 \sqrt{1-x^2}\mathrm{d}x = \frac{1}{2}\pi.$$

【案例 3.16】(分段函数积分) 设 $f(x)=\begin{cases} x^2, & 0\leqslant x<1, \\ 1, & 1\leqslant x<2 \\ 4-x, & 2\leqslant x<4, \end{cases}$，求 $\int_0^4 f(x)\mathrm{d}x$.

分析： 本题为分段函数积分问题，因为分段函数在自变量的不同范围内的函数表达式不同，所以计算时应使用定积分关于积分区间的可加性分别计算.

解： $\int_0^4 f(x)\mathrm{d}x = \int_0^1 x^2\mathrm{d}x + \int_1^2 \mathrm{d}x + \int_2^4 (4-x)\mathrm{d}x$

$$= \frac{x^3}{3}\bigg|_0^1 + x\big|_1^2 - \frac{(4-x)^2}{2}\bigg|_2^4 = \frac{10}{3}.$$

【案例 3.17】(判断函数凹凸性) 设 $f(x)$ 为奇函数，且当 $x<0$ 时，$f(x)<0$，$f'(x)\geqslant 0$，令 $F(x)=\int_{-1}^1 f(xt)\mathrm{d}t + \int_0^x tf(t^2-x^2)\mathrm{d}t$，判别 $F(x)$ 在 $(-\infty,+\infty)$ 上的凹凸性.

分析： 由函数凹凸性可知，当 $F(x)$ 在定义域内 $F''(x)>0$ 时，函数的图像是凹的；当 $F(x)$ 在定义域内 $F''(x)<0$ 时，函数的图像是凸的.

解： 先看右边第一项，令 $u=xt$，则

$$\int_{-1}^1 f(xt)\mathrm{d}t = \frac{1}{x}\int_{-x}^x f(u)\mathrm{d}u = 0 \text{（因为 } f(x) \text{ 为奇函数）}.$$

右边第二项，令 $v=t^2-x^2$，则 $t=\pm\sqrt{v+x^2}$，$\mathrm{d}t=\pm\frac{1}{2\sqrt{v+x^2}}\mathrm{d}v$，代入得

$$\int_0^x tf(t^2-x^2)\mathrm{d}t = \int_{-x^2}^0 (\pm\sqrt{v+x^2})\cdot f(v)\cdot(\pm\frac{1}{2\sqrt{v+x^2}})\mathrm{d}v = \frac{1}{2}\int_{-x^2}^0 f(v)\mathrm{d}v.$$

所以 $F(x)=\dfrac{1}{2}\int_{-x^2}^{0}f(v)\mathrm{d}v$，则

$$F'(x)=\frac{1}{2}[-f(-x^2)(-2x)]=xf(-x^2).$$

因为 $f(x)$ 为奇函数，且当 $x<0$ 时 $f(x)<0$，$f'(x)\geqslant 0$，所以 $f(-x^2)<0$，$f'(-x^2)\geqslant 0$，则

$$F''(x)=f(-x^2)-2x^2f'(-x^2)\leqslant 0,$$

所以 $F(x)$ 在 $(-\infty,+\infty)$ 上是凸的.

【案例 3.18】(平面图形面积 1)求曲线 $y=x^2$，$y=(x-2)^2$ 与 x 轴围成的平面图形的面积.

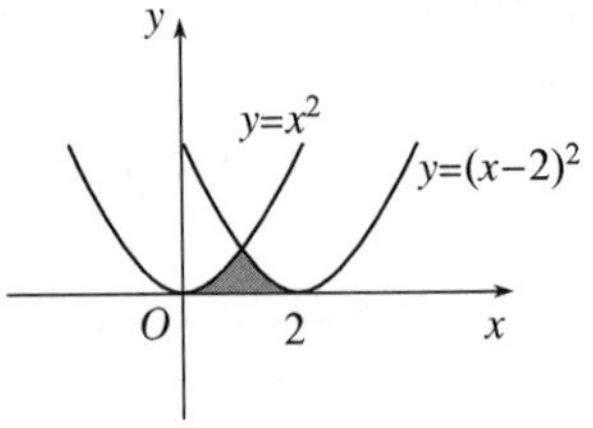

图 3.3

解:如图 3.3 所示，由 $\begin{cases}y=x^2,\\ y=(x-2)^2\end{cases}$ 得两曲线交点 $(1,1)$. 取 x 为积分变量，$x\in[0,2]$，则所求面积为

$$A=\int_0^1 x^2\mathrm{d}x+\int_1^2(x-2)^2\mathrm{d}x=\frac{x^3}{3}\Big|_0^1+\frac{(x-2)^3}{3}\Big|_1^2=\frac{2}{3}.$$

【案例 3.19】(平面图形面积 2)求由曲线 $y=|\ln x|$ 与直线 $x=\dfrac{1}{10}$，$x=10$，$y=0$ 所围图形的面积.

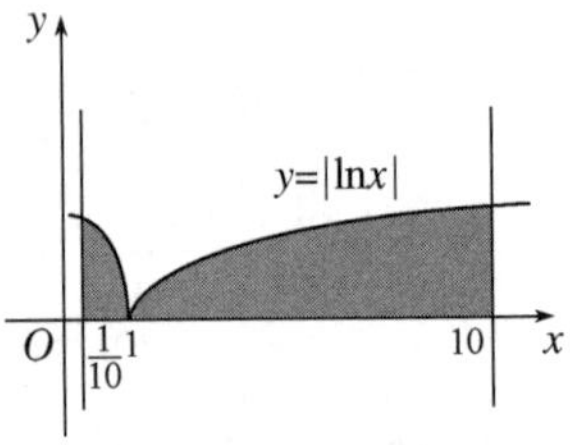

图 3.4

解:如图 3.4 所示，所求面积为

$$\begin{aligned}S&=\int_{\frac{1}{10}}^{10}|\ln x|\mathrm{d}x=\int_{\frac{1}{10}}^{1}(-\ln x)\mathrm{d}x+\int_1^{10}\ln x\mathrm{d}x\\&=-(x\ln x-x)\Big|_{\frac{1}{10}}^{1}+(x\ln x-x)\Big|_1^{10}\\&=\frac{99}{10}\ln 10-\frac{81}{10}.\end{aligned}$$

【案例 3.20】(平面图形面积 3)求曲线 $y=\cos x$ 与 $y=\sin x$ 在区间 $[0,\pi]$ 上所围平面图形的面积.

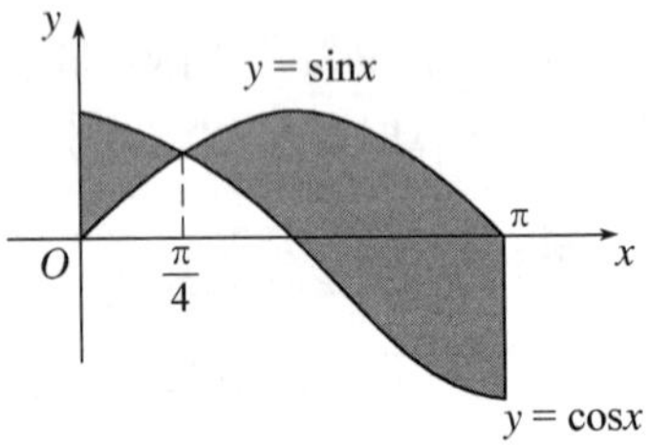

图 3.5

解:如图 3.5 所示，曲线 $y=\cos x$ 与 $y=\sin x$ 的交点坐标为 $\left(\dfrac{\pi}{4},\dfrac{\sqrt{2}}{2}\right)$，选取 x 作为积分变量，$x\in[0,\pi]$，则所求面积为

$$\begin{aligned}A&=\int_0^{\frac{\pi}{4}}(\cos x-\sin x)\mathrm{d}x+\int_{\frac{\pi}{4}}^{\pi}(\sin x-\cos x)\mathrm{d}x\\&=(\sin x+\cos x)\Big|_0^{\frac{\pi}{4}}+(-\cos x-\sin x)\Big|_{\frac{\pi}{4}}^{\pi}=2\sqrt{2}.\end{aligned}$$

【案例 3.21】(旋转体积 1)求圆 $x^2+(y-2)^2=4$ 绕 x 轴旋转一周而成的立体体积.

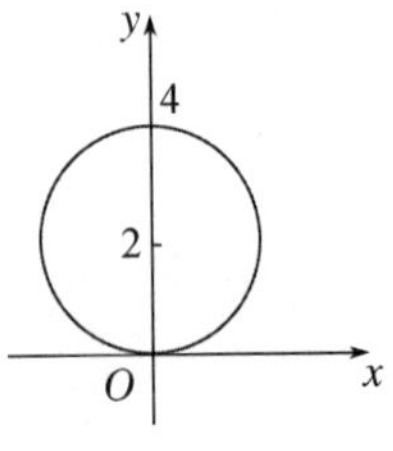

图 3.6

解:如图 3.6 所示，$y=2\pm\sqrt{4-x^2}$.

$$\begin{aligned}V&=\pi\int_{-2}^{2}\left[(2+\sqrt{4-x^2})^2-(2-\sqrt{4-x^2})^2\right]\mathrm{d}x\\&=16\pi\int_0^2\sqrt{4-x^2}\mathrm{d}x\end{aligned}$$

$= 16\pi^2.\left(\int_0^2 \sqrt{4-x^2}\ \text{大小为半径为 2 的圆面积的四分之一}\right)$

【案例 3.22】(旋转体积 2)计算由 $y=\sqrt{x}$，$y=1$，y 轴围成的图形分别绕 y 轴及 x 轴旋转所生成的立体体积.

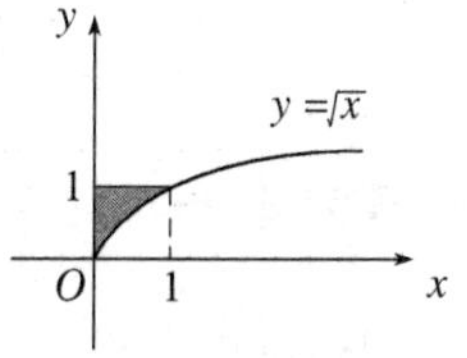

图 3.7

解:如图 3.7 所示，阴影部分为所围成的图形.

(1) 绕 y 轴旋转：$V = \pi\int_0^1 x^2 \mathrm{d}y = \pi\int_0^1 y^4 \mathrm{d}y = \pi \left.\frac{y^5}{5}\right|_0^1 = \frac{\pi}{5}$.

(2) 绕 x 轴旋转：$V = \pi\int_0^1 (1^2 - y^2)\mathrm{d}x = \pi\int_0^1 (1-x)\mathrm{d}x$

$$= \pi\left(x - \frac{x^2}{2}\right)\Big|_0^1 = \frac{\pi}{2}.$$

【案例 3.23】(旋转体积 3)用定积分求由 $y=x^2+1$，$y=0$，$x=1$，$x=0$ 所围平面图形绕 x 轴旋转一周所得旋转体的体积.

解:如图 3.8 所示，所求体积为

$$V = \int_0^1 \pi (x^2+1)^2 \mathrm{d}x = \pi\int_0^1 (x^4 + 2x^2 + 1)\mathrm{d}x$$

$$= \pi\left(\frac{x^5}{5} + \frac{2x^3}{3} + x\right)\Big|_0^1 = \frac{28}{15}\pi.$$

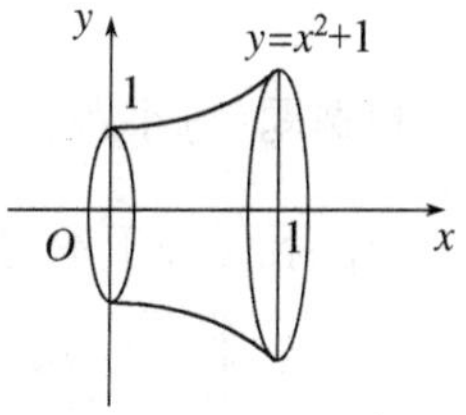

图 3.8

【案例 3.24】(产品生产)已知某产品总产量的变化率为 $f(t)=40+12t-\frac{3}{2}t^2$(件/天)，试求从第 2 天到第 10 天生产产品的总量.

解:所求的总产量 $Q = \int_2^{10} f(t)\mathrm{d}t = \int_2^{10}\left(40 + 12t - \frac{3}{2}t^2\right)\mathrm{d}t$

$$=\left[40t+6t^2-\frac{1}{2}t^3\right]\Big|_2^{10}=400\ \text{件}.$$

【案例 3.25】(消费支出)某地区居民购买冰箱的消费支出 $W(x)$ 的变化率是居民总收入 x 的函数，$W'(x)=\frac{1}{200\sqrt{x}}$. 当居民收入由 4 亿元增加至 9 亿元时，购买冰箱的消费支出增加多少?

解:消费支出增加数为

$$W(9) - W(4) = \int_4^9 W'(x)\mathrm{d}x = \int_4^9 \frac{\mathrm{d}x}{200\sqrt{x}} = \left.\frac{\sqrt{x}}{100}\right|_4^9 = 0.01\ \text{亿元}.$$

练习题 3.1

一、填空题(每小题 4 分,共 20 分)

1. 函数 $f(x)=e^x+\cos x$ 的全体原函数是____________.
2. $\int F'(x)dx=$____________.
3. $\frac{d}{dx}\left[\int f(x)dx\right]=$____________.
4. $\int f(x)dx=F(x)+C$,则 $\int f(\cos x)\sin x dx=$____________.
5. 若 $\int f(x)dx=x+C$,则 $\int f(1-x)dx=$____________.

二、单选题(每小题 4 分,共 20 分)

1. 下列关于不定积分的性质表达错误的是(　　).

A. $\left[\int f(x)dx\right]'=f(x)$　　B. $d\left[\int f(x)dx\right]=f(x)dx$

C. $\int kf(x)dx=k+\int f(x)dx$　　D. $\int F'(x)dx=F(x)+C$

2. 在切线斜率为 $2x$ 的积分曲线族中,通过点(1,4)的曲线为(　　).

A. $y=x^2+3$　　B. $y=x^2+4$

C. $y=2x+2$　　D. $y=4x$

3. 以下计算正确的是(　　).

A. $xe^{x^2}dx=d(e^{x^2})$　　B. $\frac{dx}{\sqrt{1-x^2}}=d\sin x$

C. $\frac{dx}{x^2}=d\left(-\frac{1}{x}\right)$　　D. $\sqrt{x}dx=d\sqrt{x}$

4. 以下计算正确的是(　　).

A. $3^x dx=\frac{d3^x}{\ln 3}$　　B. $\frac{dx}{1+x^2}=d(1+x^2)$

C. $\frac{dx}{\sqrt{x}}=d\sqrt{x}$　　D. $\frac{\ln x}{x}dx=\ln x dx$

5. $\int\left(\frac{1}{\sin^2 x}+1\right)d\sin x=$(　　).

A. $-\frac{1}{\sin x}+\sin x+C$　　B. $\frac{1}{\sin x}+\sin x+C$

C. $-\cot x+\sin x+C$　　D. $\cot x+\sin x+C$

三、求下列不定积分(每小题 5 分,共 20 分)

1. $\int \frac{1-\sqrt{1-\theta^2}}{\sqrt{1-\theta^2}}\mathrm{d}\theta.$

2. $\int \frac{x^2}{1+x^2}\mathrm{d}x.$

3. $\int \frac{2^t-3^t}{5^t}\mathrm{d}t.$

4. $\int \left(\mathrm{e}^x+\frac{1}{2}\cos x\right)\mathrm{d}x.$

四、换元积分法(每小题 5 分,共 40 分)

1. $\int (2x-1)^{10}\mathrm{d}x.$

2. $\int \frac{\cos x}{1+\sin x}\mathrm{d}x.$

3. $\int \frac{1}{x^2}\sin\frac{1}{x}\mathrm{d}x.$

4. $\int \frac{\cos\sqrt{x}\,\mathrm{d}x}{\sqrt{x}}.$

5. $\int \frac{1}{x^2+3x+4}\mathrm{d}x.$

6. $\int \frac{1}{x(x-3)}\mathrm{d}x.$

7. $\int \frac{1}{x^4-1}\mathrm{d}x.$

8. $\int \frac{1}{x^2+4x+3}\mathrm{d}x.$

练习题 3.2

一、填空题(每小题 4 分,共 20 分)

1. $\int xe^x dx=$________.

2. $\int \arccos x dx=$________.

3. $\int \frac{x}{\cos^2 x}dx=$________.

4. 设 $\sin x$ 是 $f(x)$的一个原函数,则 $\int xf(x)dx=$________.

5. 设 e^x 是 $f(x)$的一个原函数,则 $\int x^2 f(x)dx=$________.

二、单选题(每小题 4 分,共 20 分)

1. 分部积分的公式为( ).

A. $\int u dv=uv-\int u dv$ B. $\int u dv=uv-\int v du$

C. $\int uv' dx=uv-\int uv' dx$ D. $\int u'v dx=uv-\int u'v dx$

2. $\int x d(e^{-x})=$( ).

A. $xe^{-x}+C$ B. $xe^{-x}+e^{-x}+C$ C. $-xe^{-x}+C$ D. $xe^{-x}-e^{-x}+C$

3. $\int x\cos 2x dx=$( ).

A. $\frac{1}{2}x\sin 2x+\frac{1}{4}\cos 2x+C$ B. $x\sin 2x+\cos 2x+C$

C. $\frac{1}{2}\sin 2x+\frac{1}{2}\cos 2x+C$ D. $\frac{1}{2}x\sin 2x+\frac{1}{2}\cos 2x+C$

4. $\int xf''(x)dx=$( ).

A. $xf'(x)-f(x)+C$ B. $xf'(x)+C$

C. $\frac{1}{2}x^2 f'(x)+C$ D. $(x+1)f'(x)+C$

5. 下列分部积分中,对 u 和 v' 选择正确的有( ).

A. $\int x^2\cos x dx, u=\cos x, v'=x^2$

B. $\int (x+1)\ln x dx, u=x+1, v'=\ln x$

C. $\int xe^{-x}dx, u=x, v'=e^{-x}$

D. $\int \arcsin x\mathrm{d}x, u=1, v'=\arcsin x$

三、求下列不定积分(每小题 5 分,共 60 分)

1. $\int \ln x\mathrm{d}x$.

2. $\int \frac{\ln x}{x^3}\mathrm{d}x$.

3. $\int x\sin x\mathrm{d}x$.

4. $\int x\mathrm{e}^{2x}\mathrm{d}x$.

5. $\int \arcsin x\mathrm{d}x$.

6. $\int x\tan^2 x\mathrm{d}x$.

7. $\int \mathrm{e}^x\sin x\mathrm{d}x$.

8. $\int \sec^3 x\mathrm{d}x$.

9. $\int \tan^3 x\mathrm{d}x$.

10. $\int \frac{x^3}{1+x^2}\mathrm{d}x$.

练习题 3.3

一、填空题(每小题 4 分,共 20 分)

1. 已知 $I_1=\int_0^1 x^2\mathrm{d}x$,$I_2=\int_0^1 x^3\mathrm{d}x$,则 I_1 __________ I_2(填“$>$”“$<$”“$=$”).

2. 估计 $I=\int_0^1 \frac{x}{1+x^2}\mathrm{d}x$ 的值的范围是__________.

3. $\int_0^{\frac{\pi}{2}} \sin\left(x+\frac{\pi}{2}\right)\mathrm{d}x=$__________.

4. 设 $\Phi(x)=\int_x^0 \frac{\mathrm{d}t}{\sqrt{1+t^3}}$,则 $\Phi'(x)=$__________.

5. 设 $\int_0^1 (3x^2+ax)\mathrm{d}x=3$,则 $a=$__________.

二、单选题(每小题 4 分,共 20 分)

1. 设 $f(x)$在$(-\infty,+\infty)$内连续,则 $\int_2^3 f(x)\mathrm{d}x+\int_3^2 f(t)\mathrm{d}t+\int_1^2 \mathrm{d}x=$(　　).

A. -2　　B. -1　　C. 0　　D. 1

2. $\int_{-2}^1 3x|x|\mathrm{d}x=$(　　).

A. -7　　B. $-\frac{7}{3}$　　C. 21　　D. 9

3. 已知 $f(x)=\int_x^2 \sqrt{2+t^2}\mathrm{d}t$,则 $f'(1)=$(　　).

A. $-\sqrt{3}$　　B. $\sqrt{3}-\sqrt{6}$　　C. $\sqrt{6}-\sqrt{3}$　　D. $\sqrt{3}$

4. 设 $\Phi(x)=\int_{\sin x}^2 \frac{1}{1+t^2}\mathrm{d}t$,则 $\Phi'(x)=$(　　).

A. $\frac{1}{1+\sin^2 x}$　　B. $\frac{\cos x}{1+\sin^2 x}$　　C. $-\frac{\cos x}{1+\sin^2 x}$　　D. $-\frac{1}{1+\sin^2 x}$

5. $\lim\limits_{x\to 0}\frac{\int_0^x \cos t^2\mathrm{d}t}{x}=$(　　)

A. ∞　　B. -1　　C. 0　　D. 1

三、计算下列定积分(每小题 5 分,共 40 分)

1. $\int_1^2 \frac{1}{x^2+x}\mathrm{d}x$.

2. $\int_0^{\pi} \sqrt{1+\cos 2x}\mathrm{d}x$.

3. $\int_0^{\frac{\pi}{4}} \tan^2 \theta \mathrm{d}\theta$.

4. $\int_{\frac{\pi}{4}}^{\frac{\pi}{3}} \frac{1}{\sin^2 x\cos^2 x}\mathrm{d}x$.

5. $\int_0^{3} |2-x| \mathrm{d}x$.

6. $\int_0^{\frac{\pi}{2}} \frac{\cos x}{1+\sin^2 x} \mathrm{d}x$.

7. $\int_0^{2} \frac{\mathrm{e}^x}{\mathrm{e}^x+1} \mathrm{d}x$.

8. 设 $f(x)=\begin{cases} x^2, & x\leqslant 1, \\ x-1, & x>1, \end{cases}$ 求定积分 $\int_0^2 f(x)\mathrm{d}x$.

四、综合题(每小题 5 分,共 20 分)

1. 证明:$0\leqslant\int_0^{10}\frac{x}{x^3+16}\mathrm{d}x\leqslant\frac{5}{6}$.

2. 计算极限 $\lim\limits_{x\to 0^+}\frac{\int_0^x\ln(t+\mathrm{e}^t)\mathrm{d}t}{1-\cos x}$.

3. 求函数 $y=\int_0^x(t^3-1)\mathrm{d}t$ 的极值.

4. 设函数 $f(x)=\int_1^x\frac{\ln t}{1+t}\mathrm{d}t$,其中 $x>0$,求 $f(x)+f\left(\frac{1}{x}\right)$.

练习题 3.4

一、填空题(每小题 4 分,共 20 分)

1. $\displaystyle\int_{-1}^{1}\frac{x}{\sqrt{2+x^2}}\mathrm{d}x=$_____.

2. $\displaystyle\int_{-\frac{\pi}{4}}^{\frac{\pi}{4}}\cos 2x\mathrm{d}x=$_____.

3. 已知 $f(x)$ 为连续函数,则 $\displaystyle\int_{-a}^{a}x^2[f(x)-f(-x)]\mathrm{d}x=$_____.

4. 设 $f''(x)$ 在 $[0,2]$ 上连续,且 $f(0)=1,f(2)=3,f'(2)=5$,则 $\displaystyle\int_{0}^{2}xf''(x)\,\mathrm{d}x$

=_____.

5. 设 $f(x),g(x)$ 在 $[a,b]$ 上连续,且 $f(x)+g(x)\neq 0$,若 $\displaystyle\int_{a}^{b}\frac{f(x)}{f(x)+g(x)}\mathrm{d}x=1$,则

$\displaystyle\int_{a}^{b}\frac{g(x)}{f(x)+g(x)}\mathrm{d}x=$_____.

二、单选题(每小题 4 分,共 20 分)

1. 下列积分不为零的是(　　).

　A. $\displaystyle\int_{-\pi}^{\pi}\sin x\mathrm{d}x$　　　B. $\displaystyle\int_{-\pi}^{\pi}x^2\sin x\mathrm{d}x$　　　C. $\displaystyle\int_{-\pi}^{\pi}\mathrm{e}^x\mathrm{d}x$　　　D. $\displaystyle\int_{-\pi}^{\pi}\sin x\cos x\mathrm{d}x$

2. $\displaystyle\int_{a}^{b}f'(3x)\mathrm{d}x=$(　　).

　A. $\dfrac{1}{3}[f(3b)-f(3a)]$　　　　　　　B. $f(3b)-f(3a)$

　C. $f(3b)-f(3a)$　　　　　　　　　　　D. $f'(3b)-f'(3a)$

3. 已知 $\displaystyle\int_{-a}^{a}(2x-1+\sin x)\mathrm{d}x=-4$,则 $a=$(　　).

　A. -2　　　　　　B. 2　　　　　　C. $\dfrac{3}{2}$　　　　　　D. 4

4. 已知 $f(0)=0$,则 $\displaystyle\int_{0}^{x}tf(t^2)f'(t^2)\mathrm{d}t=$(　　).

　A. $\dfrac{1}{2}f^2(x)$　　　B. $\dfrac{1}{2}f^2(x^2)$　　　C. $\dfrac{1}{4}f^2(x)$　　　D. $\dfrac{1}{4}f^2(x^2)$

5. 设连续函数 $f(x)$ 满足:$f(x)-x+x^2\displaystyle\int_{0}^{1}f(x)\mathrm{d}x$,则 $f(x)=$(　　).

　A. $\dfrac{3}{4}x+x^2$　　　B. $x+\dfrac{3}{2}x^2$　　　C. $\dfrac{3}{2}x+x^2$　　　D. $x+\dfrac{3}{4}x^2$

三、计算下列定积分(每小题 6 分,共 48 分)

1. $\int_0^3 \frac{x}{\sqrt{1+x}}\mathrm{d}x$.

2. $\int_{-\frac{\pi}{2}}^{\frac{\pi}{2}} \frac{|\sin\theta|}{1+\cos^2\theta}\mathrm{d}\theta$.

3. $\int_0^1 x\mathrm{e}^{-x}\mathrm{d}x$.

4. $\int_{-\frac{1}{2}}^{\frac{1}{2}} \frac{x\arcsin x}{\sqrt{1-x^2}}\mathrm{d}x$.

5. $\int_0^{\pi} 5\mathrm{e}^x\cos 2x\mathrm{d}x$.

6. $\int_0^1 x(1-2x)^{10}\mathrm{d}x$

7. $\int_1^{\mathrm{e}^2} \frac{1}{x\sqrt{1+\ln x}}\mathrm{d}x$.

8. $\int_{\frac{1}{\mathrm{e}}}^{\mathrm{e}} |\ln x|\mathrm{d}x$.

四、综合题(每小题 6 分,共 12 分)

1. 已知 $x\mathrm{e}^x$ 为 $f(x)$的一个原函数,求$\int_0^1 xf'(x)\mathrm{d}x$.

2. 已知$\int_0^x [2f(t)-1]\mathrm{d}t=f(x)-1$,求 $f'(0)$.

练习题 3.5

一、填空题(每小题 4 分,共 20 分)

1. 无穷限反常积分 $\int_{0}^{+\infty} \mathrm{e}^{-5x}\mathrm{d}x=$____________.

2. 无穷限反常积分 $\int_{1}^{+\infty} \frac{\mathrm{d}x}{x^p}$收敛,则 p 的取值范围为____________.

3. 无穷限反常积分 $\int_{-\infty}^{0} \frac{2}{1+x^2}\mathrm{d}x=$____________.

4. 广义积分 $\int_{1}^{+\infty} x\mathrm{e}^{-x^2}\mathrm{d}x=$____________.

5. 一物体以速度 $v=3t^2+2t$(米/秒)做直线运动,则它在 $t=0$ 到 $t=3$ 秒时间内的速度的平均值为____________米/秒.

二、选择填(每小题 4 分,共 20 分)

1. 设常数 $a>0$,则 $\int_{0}^{a} \sqrt{a^2-x^2}\mathrm{d}x=$(　　).

A. πa^2　　B. $\frac{\pi}{4}a^2$　　C. π　　D. $\arcsin a$

2. 由两条抛物线:$y^2=x$,$y=x^2$ 所围成的图形的面积为(　　).

A. $\frac{1}{2}$　　B. $\frac{1}{3}$　　C. $\frac{1}{4}$　　D. $\frac{1}{5}$

3. 由曲线 $y=\ln x$,$x=a$,$x=b(0<a<b)$及 x 轴所围成的曲边梯形的面积为(　　).

A. $\left|\int_{a}^{b}\ln x\mathrm{d}x\right|$　　B. $\int_{a}^{b}\ln x\mathrm{d}x$　　C. $(b-a)\ln x$　　D. $\int_{a}^{b}|\ln x|\,\mathrm{d}x$

4. 曲线 $y^2=x$,$y=x$,$y=\sqrt{3}$所围图形的面积是(　　).

A. $\int_{1}^{\sqrt{3}}(y^2-y)\mathrm{d}y$　　B. $\int_{1}^{\sqrt{3}}(x-\sqrt{x})\mathrm{d}x$

C. $\int_{0}^{1}(y^2-y)\mathrm{d}y$　　D. $\int_{0}^{\sqrt{3}}(y-y^2)\mathrm{d}y$

5. 下列反常积分收敛的是(　　).

A. $\int_{0}^{+\infty}2^x\mathrm{d}x$　　B. $\int_{0}^{+\infty}\mathrm{e}^x\mathrm{d}x$　　C. $\int_{0}^{+\infty}x\mathrm{d}x$　　D. $\int_{0}^{+\infty}\frac{1}{1+x^2}\mathrm{d}x$

三、计算题(每小题 12 分,共 60 分)

1. 计算由曲线 $y=\frac{1}{2}x^2$ 及 $y=x+4$ 所围成的平面图形的面积.

2. 计算由曲线 $y=2x$ 与直线 $y=x-1, y=1$ 围成的平面图形的面积.

3. 求由曲线 $y=\sin x$ 与 $y=\sin 2x$ 所围成的平面图形的面积,其中 $x\in[0,\pi]$.

4. 求抛物线 $y=x^2$ 与直线 $x=2, y=0$ 所围平面图形分别绕 x 轴与 y 轴旋转一周而成的旋转体的体积.

5. 求由曲线 $xy=1$ 与直线 $y=2, x=3$ 所围成的平面图形绕 x 轴旋转一周所成的旋转体的体积.

测试题 3.1

一、填空题(每小题 3 分,共 15 分)

1. 若 $\int f(x)\mathrm{d}x=\sin 2x+C$,则 $f(x)=$______________.

2. $\int(\log_a x)'\mathrm{d}x=$______________.

3. 若 $\int f(x)\mathrm{d}x=F(x)+C$,则 $\int f(2x-3)\mathrm{d}x=$______________.

4. 已知 $\cos x$ 是 $f(x)$ 的一个原函数,则 $\int xf(x)\mathrm{d}x=$______________.

5. 已知 $\int f(x)\mathrm{d}x=x^2+C$,则 $\int xf(1-x^2)\mathrm{d}x=$______________.

二、单选题(每小题 3 分,共 15 分)

1. 下列函数 $F(x)$ 是 $f(x)=\dfrac{1}{2x}$ 的一个原函数的为(　　).

A. $F(x)=\ln 2x$　　B. $F(x)=-\dfrac{1}{2x^2}$

C. $F(x)=\ln(2+x)$　　D. $F(x)=\dfrac{1}{2}\ln 3x$

2. 已知 $\mathrm{e}=2.718\cdots$ 是一个无理数,则 $\int x^{\mathrm{e}}\mathrm{d}x=$(　　).

A. $x^{\mathrm{e}}+C$　　B. $\dfrac{1}{\mathrm{e}+1}x^{\mathrm{e}+1}+C$

C. e^x+C　　D. $\dfrac{1}{\mathrm{e}+1}\mathrm{e}^x+C$

3. $\int\dfrac{x}{\sqrt{1+x^2}}\mathrm{d}x=$(　　).

A. $\sqrt{1+x^2}+C$　　B. $\ln\sqrt{1+x^2}+C$

C. $-\dfrac{2}{3}(1+x^2)^{-\frac{3}{2}}+C$　　D. $\dfrac{1}{\sqrt{1+x^2}}+C$

4. 若 $\int f(x)\mathrm{d}x=F(x)+C$,则 $\int\sin x\cdot f(\cos x)\mathrm{d}x=$(　　).

A. $-F(\cos x)+C$　　B. $F(\cos x)+C$

C. $-F(\sin x)+C$　　D. $F(\sin x)+C$

5. 下列分部积分的计算中,选择 u 和 $\mathrm{d}v$ 不正确的是(　　).

A. $\int x^2\ln x\mathrm{d}x,u=\ln x,\mathrm{d}v=x^2\mathrm{d}x$　　B. $\int(x+1)\sin x\mathrm{d}x,u=x+1,\mathrm{d}v=\sin x\mathrm{d}x$

C. $\int x^2\mathrm{e}^x\mathrm{d}x,u=\mathrm{e}^x,\mathrm{d}v=x^2\mathrm{d}x$　　D. $\int x\arctan x\mathrm{d}x,u=\arctan x,\mathrm{d}v=x\mathrm{d}x$

三、求下列各不定积分(每小题 4 分,共 48 分)

1. $\int \frac{2\cdot 3^x-5\cdot 2^x}{3^x}\mathrm{d}x$.

2. $\int \frac{x^2}{1+x}\mathrm{d}x$.

3. $\int \arctan x\mathrm{d}x$.

4. $\int x^2\cos x\mathrm{d}x$.

5. $\int \sin\sqrt{x}\mathrm{d}x$.

6. $\int \sin(\ln x)\mathrm{d}x$.

7. $\int \frac{1}{\mathrm{e}^x+\mathrm{e}^{-x}}\mathrm{d}x$.

8. $\int \frac{1}{1-\sqrt{2x+1}}\mathrm{d}x$.

9. $\int (x+2)\mathrm{e}^{\frac{x}{2}}\mathrm{d}x$.

10. $\int \cos^2 x\sin^2 x\mathrm{d}x$.

11. $\int \frac{x^2}{x^6+4}\mathrm{d}x$.

12. $\int \frac{1+x}{(1-x)^3}\mathrm{d}x$.

四、计算题(每小题 5 分,共 10 分)

1. 若 $F'(x)=\frac{1}{\sqrt{1-x^2}}$,$F(1)=\frac{3}{2}\pi$,求 $F(x)$.

2. 设 $F'(\mathrm{e}^x)=1+x$,求 $F(x)$.

五、补充题(每小题 6 分,共 12 分)

求下列各不定积分:

1. $\int x^5\mathrm{e}^{x^3}\mathrm{d}x$.

2. $\int \frac{\cos x}{3+\cos^2 x}\mathrm{d}x$.

测试题 3.2

一、填空题(每小题 3 分,共 15 分)

1. 设 a、b 为常数,则 $\left(\int_a^b e^{-\frac{1}{2}x^2}dx\right)'_x=$__________.

2. 极限 $\lim\limits_{x\to0}\dfrac{2\int_0^x \sin t dt}{x^2}=$__________.

3. 定积分 $\int_{-\frac{1}{2}}^{\frac{1}{2}}\dfrac{x^2\arcsin x}{\sqrt{1-x^2}}dx=$__________.

4. 第一类反常积分 $\int_e^{+\infty}\dfrac{dx}{x(\ln x)^2}=$__________.

5. 根据定积分的几何意义计算 $\int_0^{-1}\sqrt{1-x^2}dx=$__________.

二、单选题(每小题 3 分,共 15 分)

1. 已知 $\int_{-1}^2 f(x)dx=-2$, $\int_2^5 f(x)dx=3$,则 $\int_{-1}^5 f(x)dx=$(　　).

A. -1　　B. 0　　C. 1　　D. 5

2. 设 $a>0$,已知 $\int_{-a}^a(x^3+x^2)dx=\dfrac{2}{3}$,则常数 $a=$(　　).

A. $\dfrac{1}{2}$　　B. 1　　C. 2　　D. 4

3. 若 $F(x)$是 $f(x)$的一个原函数,则下列等式成立的是(　　).

A. $\left(\int_a^x F(t)dt\right)'_x=f(x)$　　B. $\int_a^b F(x)dx=f(b)-f(a)$

C. $\left(\int_a^x f(t)dt\right)'_x=F(x)$　　D. $\int_a^b f(x)dx=F(b)-F(a)$

4. 下列第一类反常积分中收敛的是(　　).

A. $\int_0^{+\infty}e^{-x}dx$　　B. $\int_0^{+\infty}e^{x}dx$　　C. $\int_1^{+\infty}\dfrac{1}{x}dx$　　D. $\int_0^{+\infty}\sin x dx$

5. 设 $0\leqslant x\leqslant 2\pi$,则曲线 $y=\sin x$ 与 x 轴所围的面积为(　　).

A. $\int_0^{2\pi}\sin x dx$　　B. $\left|\int_0^{2\pi}\sin x dx\right|$

C. $\int_0^{2\pi}|\sin x|dx$　　D. $\left|\int_0^{\pi}\sin x dx\right|-\left|\int_0^{2\pi}\sin x dx\right|$

三、求下列各定积分(每小题 5 分,共 40 分)

1. $\int_1^4\dfrac{\ln x}{\sqrt{x}}dx$.　　2. $\int_0^{\ln 2}\sqrt{e^x-1}dx$.

3. $\int_0^1 x\arctan x\mathrm{d}x$.

4. $\int_0^1 \frac{x\mathrm{d}x}{(1+x^2)^2}$.

5. $\int_{-2}^0 \frac{\mathrm{d}x}{x^2+2x+2}$.

6. $\int_1^2 \mathrm{e}^{\sqrt{x-1}}\mathrm{d}x$.

7. $\int_0^1 x\ln(x+1)\mathrm{d}x$.

8. $\int_{-3}^3 \left[x^2\ln(x+\sqrt{1+x^2})-\sqrt{9-x^2}\right]\mathrm{d}x$.

四、应用题(每小题 7 分,共 14 分)

1. 求由曲线 $y=-x^2$ 与 $x=y^2$ 所围平面图形的面积.

2. 求由曲线 $y=x^2$,$y=\frac{1}{x}$与直线 $x=4$ 所围平面图形的面积.

五、补充题(每小题 8 分,共 16 分)

1. 求由曲线 $y=2x$,$xy=2$,$y=\frac{x^2}{4}$所围成的平面图形的面积,其中 $x>1$.

2. 设直线 $y=ax$(其中 $0<a<1$)与抛物线 $y=x^2$ 所围成的平面图形的面积为 S_1,它们与直线 $x=1$ 所围成的平面图形的面积为 S_2,试确定 a 的值,使 S_1+S_2 达到最小,并求出最小值.

第 4 章　常微分方程案例与练习

内容提要

本章的内容主要是常微分方程的概念，一阶、二阶微分方程通解的求法.

微分方程的概念部分的基本内容：阶、解、特解、通解、线性微分方程等基本概念.

一阶微分方程通解的求法部分的基本内容：一阶变量可分离微分方程和一阶线性微分方程的求解.

二阶微分方程通解的求法部分的基本内容：二阶常系数齐次微分方程的求解，二阶常系数非齐次微分方程的求解（非齐次项为 $f(x)=P_m(x)\cdot e^{\lambda x}$ 的情形）.

为了帮助大家更好地理解、掌握和应用这些内容，我们编写了下面的案例与练习.

疑难解析

一、关于一阶微分方程

1. 可分离变量的微分方程

可分离变量的微分方程是一阶微分方程中的一种最简单的方程. 形如

$f_1(x)g_1(y)\mathrm{d}x+f_2(x)g_2(y)\mathrm{d}y=0$ 的微分方程称为变量可分离的微分方程，或称可分离变量的微分方程，若 $f_2(x)g_1(y)\neq 0$，则方程可化为变量已分离的方程

$\dfrac{g_2(y)}{g_1(y)}\mathrm{d}y=-\dfrac{f_1(x)}{f_2(x)}\mathrm{d}x$，两边同时积分，由此得到通解 $G(y)=F(x)+C$.

有些看上去不能分离变量的微分方程，通过变量代换可以转化为可分离变量的微分方程来求解.

如齐次微分方程 $y'=\varphi\left(\dfrac{y}{x}\right)$ 或 $\dfrac{\mathrm{d}y}{\mathrm{d}x}=\varphi\left(\dfrac{y}{x}\right)$，可用代换 $u=\dfrac{y}{x}$，即 $y=ux$（注意 u 是 x 的函数）代入方程得到 $\dfrac{\mathrm{d}u}{\varphi(u)-u}=\dfrac{\mathrm{d}x}{x}$，两边同时积分即可求解.

2. 一阶线性微分方程

形如 $y'+P(x)y=Q(x)$ 的微分方程，称为一阶线性微分方程. 其中 $P(x)$、$Q(x)$ 是已知函数. 其特点是 y, y' 都以一次幂的形式出现在方程中. 求它的通解时，直接可以用公式 $y=\left(\int Q(x)e^{\int P(x)\mathrm{d}x}\mathrm{d}x+C\right)e^{-\int P(x)\mathrm{d}x}$ 来求，也可以用常数变易法来求，即通过分离变量法先求出齐次线性方程 $y'+P(x)y=0$ 的通解 $\overline{y}=Ce^{-\int P(x)\mathrm{d}x}$，再用函数 $C(x)$ 来代替常数 C. 即设函数 $y=C(x)e^{-\int P(x)\mathrm{d}x}$ 是方程(4)的一个解，代入方程，求出 $C(x)$，最后得到所求通解 $y=C(x)e^{-\int P(x)\mathrm{d}x}$.

有些方程把 x 看作未知函数，y 看作自变量时成为一阶线性微分方程，如方程

$y\ln x\mathrm{d}x+(x-\ln y)\mathrm{d}y=0$ 可变形为关于 $x=x(y)$ 的一阶线性非齐次微分方程 $\frac{\mathrm{d}x}{\mathrm{d}y}+\frac{x}{y\ln y}=\frac{1}{y}$ 如同一些方程用适当的变量代换可化成可分离变量方程求解一样，有些方程用变量代换可以化成一阶线性非齐次方程，如伯努利方程

$y'+P(x)y=Q(x)y^n$，$(n\neq 0,1)$ 用代换 $z=y^{1-n}$ 则化为 $z'+(1-n)P(x)z=(1-n)Q(x)$.

二、关于二阶微分方程

1. 可降阶的二阶微分方程

可降阶的二阶微分方程的形式及相应的解法见表 4.1.

表 4.1

方程形式	求解方法
$y''=f(x)$	积分得 $y'=\int f(x)\mathrm{d}x+C$，再积分，得通解.
$y''=f(x,y')$	设 $y'=p$，则 $y''=p'$，方程化为 $p'=f(x,p)$
$y''=f(y,y')$	设 $y'=p$，则 $y''=p\frac{\mathrm{d}p}{\mathrm{d}y}$，方程化为 $p\frac{\mathrm{d}p}{\mathrm{d}y}=f(y,p)$

2. 二阶线性常系数微分方程

$y''+py'+qy=f(x)$（其中 p,q 为常数），当 $f(x)=0$ 时称为齐次的，此时通解依特征方程 $\lambda^2+p\lambda+q=0$ 的特征根 λ_1,λ_2 而定（见教材表 4.1），当 $f(x)\neq 0$ 时，称为非齐次的. 它的通解可写成 $y=\bar{y}+y^*$，其中 $\bar{y}$ 是该方程对应的齐次方程 $y''+py'+qy=0$ 的通解，而 y^* 是该方程的一个特解. 一般来说，求特解 y^* 并不是件容易的事情，但当右端项 $f(x)$ 为某些特殊形式函数时，特解 y^* 具有相应的特殊形式. 如表 4.2 所示. 这时可用待定系数法求出 y^*.

表 4.2

非齐次项 $f(x)$ 的形式	特征方程的根	特解 y^* 的形式
$f(x)$ 是 n 次多项式	0 不是特征根（即 $q\neq 0$ 时） 0 是特征方程的单根（即 $q=0$ 时） 0 是特征重根（即 $p=q=0$ 时）	$y^*=\varphi(x)$，$\varphi(x)$ 是与 $f(x)$ 同次的多项式 $y^*=x\varphi(x)$ $y^*=x^2\varphi(x)$
$f(x)=e^{\alpha x}P_m(x)$ 即 $f(x)$ 是指数函数与多项式乘积	α 不是特征根 α 是单特征根 α 是重特征根	$y^*=Q_m(x)e^{\lambda x}Q_m(x)$ 是与 $P_m(x)$ 同次的多项式 $y^*=xQ_m(x)e^{x}$ $y^*=x^2Q_m(x)e^{\lambda x}$
$f(x)=P_n(x)\cos\beta x+Q_m(x)\sin\beta x$	$\pm i\beta$ 不是特征根 $\pm i\beta$ 是特征根	$y^*=A_l(x)\cos\beta x+B_l(x)\sin\beta x l$ $=\max\{m,n\}$ $y^*=x[A_l(x)\cos\beta x+B_l(x)\sin\beta x]A_l(x)$，$B_l(x)$ 都是 l 次多项式

(续表)

非齐次项 $f(x)$的形式	特征方程的根	特解 y^* 的形式
$f(x)=e^{\alpha x}[P_n(x)\cos\beta x+Q_m(x)\sin\beta x]$	$\alpha\pm i\beta$ 不是特征根 $\alpha\pm i\beta$ 是特征根	$y^*=e^{\alpha x}[A_l(x)\cos\beta x+B_l(x)\sin\beta x]$ $y^*=xe^{\alpha x}[A_l(x)\cos\beta x+B_l(x)\sin\beta x]$

从表 4.2 可以看出，特解 y^* 的设法与非齐次项 $f(x)$的形式基本是相同的，只不过依 α 不是特征根、是单根、是重根时依次再分别乘以一个 x^k 因子($k=0,1,2$)，解题时首先应设定特解 y^* 的形式，注意其中的未知多项式 $\varphi(x)$或 $Q_m(x)$或 $A_l(x)$，$B_l(x)$的次数的确定方法；设定未知多项式的系数后，将 y^* 代入原方程，用待定系数法确定未知系数.

案例分析

【案例 4.1】(自由落体运动规律) 设有一质量为 m 的物体，从空中某处，不计空气阻力而只受重力作用由静止状态自由降落. 试求物体的运动规律(即物体在自由降落过程中，所经过的路程 s 与时间 t 的函数关系).

解： 设物体在时刻 t 所经过的路程为 $s=s(t)$，根据牛顿第二定律可知，作用在物体上的外力 mg(重力)应等于物体的质量 m 与加速度的乘积，于是得

$m\dfrac{d^2s}{dt^2}=mg$，即$\dfrac{d^2s}{dt^2}=g$，其中 g 是重力加速度.

将上式改写为$\dfrac{d}{dt}\left(\dfrac{ds}{dt}\right)=g$，因此可得 $d\left(\dfrac{ds}{dt}\right)=gdt$.

因为物体由静止状态自由降落，所以 $s=s(t)$还应满足初始条件：

$$s\big|_{t=0}=0,\ \frac{ds}{dt}\bigg|_{t=0}=0.$$

对方程的两端积分一次，得

$$\frac{ds}{dt}=\int g\,dt=gt+C_1,$$

再对上式两端积分，得

$$s=\int(gt+C_1)dt=\frac{1}{2}gt^2+C_1t+C_2,$$

其中 C_1，C_2 是两个任意常数.

代入初始条件，可得

$$C_1=0,C_2=0.$$

于是，所求的自由落体的运动规律为

$$s=\frac{1}{2}gt^2.$$

【案例 4.2】(制动问题) 列车在平直的线路上以 20 米/秒的速度行驶，当制动时列车获得加速度-0.4 米/秒^2，问开始制动后多少时间列车才能停住？以及列车在这段时间内行驶了多少路程？

解： 设制动后 t 秒钟列车行驶 s 米，则 $s=s(t)$满足微分方程：

$$\frac{d^2 s}{dt^2}=-0.4.$$

初始条件：当 $t=0$ 时，$s=0$，$v=\frac{ds}{dt}=20$.

解微分方程得

$$v=-0.4t+C_1,s=-0.2t^2+C_1t+C_2.$$

代入初始条件知 $C_1=20$，$C_2=0$，所以

$$v=-0.4t+20,s=-0.2t^2+20t.$$

所以开始制动到列车完全停住共需 $t=\frac{20}{0.4}=50$ 秒，列车在这段时间内行驶了 $s=-0.2\times50^2+20\times50=500$ 米.

【案例 4.3】(曲线问题)一曲线通过点(1,2)，且在该曲线上任一点 $M(x,y)$处的切线的斜率为 $2x$，求该曲线的方程.

解：设所求曲线为 $y=y(x)$，则满足微分方程：

$$\frac{dy}{dx}=2x,\text{其中当 } x=1 \text{ 时}, y=2.$$

解微分方程得 $y=x^2+C$，代入条件求得 $C=1$.

所以该曲线的方程为 $y=x^2+1$.

【案例 4.4】(衰变问题)镭元素的衰变满足如下规律：其衰变的速度与它的现存量成正比. 经验得知，镭经过 1 600 年后，只剩下原始量的一半，试求镭现存量与时间 t 的函数关系.

解：设 t 时刻镭的现存量 $M=M(t)$，由题意知 $M(0)=M_0$.

由于镭的衰变速度与现存量成正比，故可列出方程

$$\frac{dM}{dt}=-kM,$$

其中 $k(k>0)$为比例系数，式中的负号表示在衰变过程中 M 逐渐减小，$\frac{dM}{dt}<0$.

将方程分离变量得 $M=Ce^{-kt}$，再由初始条件得 $M_0=Ce^0=C$，所以

$$M=M_0e^{-kt}.$$

至于参数 k，可用另一附加条件 $M(1\,600)=\frac{M_0}{2}$求出，即$\frac{M_0}{2}=M_0e^{-k\cdot 1\,600}$，解之得

$$k=\frac{\ln 2}{1\,600}\approx 0.000\,433.$$

所以镭在衰变中的现存量 M 与时间 t 的关系为

$$M=M_0e^{-0.000\,433t}.$$

【案例 4.5】(小船的航线问题)有一小船从岸边的 O 点出发驶向对岸，假定河流两岸是互相平行的直线，并设船速为 a，方向始终垂直于对岸(图 4.1). 又设河宽为 $2l$，河面上任一点处的水速与该点到两岸距离之积成正比，比例系数为 $k=\frac{v_0}{l^2}$，求小船航行的轨迹方程.

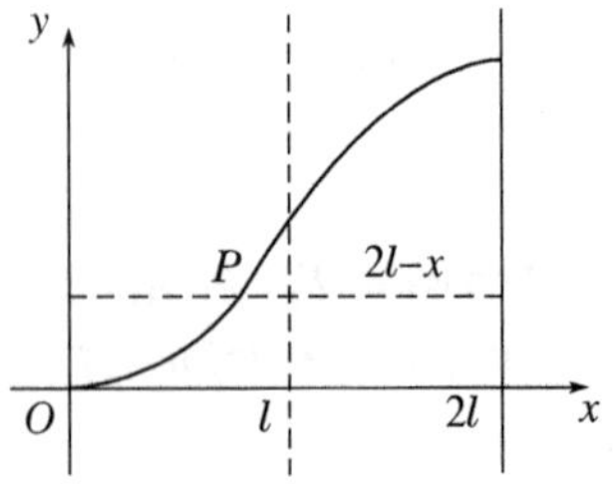

图 4.1

解：以指向对岸方向为 x 轴方向，顺水方向为 y 轴方向，

建立坐标系如图 4.1 所示. 根据题意条件可知,在时刻 t 有

$$v_x=\frac{dx}{dt}=a, v_y=\frac{dy}{dt}=kx(2l-x)=\frac{v_0}{l^2}x(2l-x),$$

即$\frac{dy}{dx}=\frac{v_0}{al^2}x(2l-x)$.

这是一个可分离变量方程,分离变量再积分,可得

$$y=C+\frac{v_0}{3al^2}(3lx^2-x^3).$$

由初始条件$(x_0,y_0)=(0,0)$,可得 $C=0$,即小船航行的轨迹方程为

$$y=\frac{v_0}{3al^2}(3lx^2-x^3), 0\leqslant x\leqslant 2l.$$

【案例 4.6】(容器内溶液的含盐量问题)一容器内有盐水 100 L,含盐量为 100 g,现在以 5 L/min 的速度注入浓度为 10 g/L 的盐水,同时将均匀混合的盐水以 5 L/min 的速度排出.

(1) 求 20 min 后容器内盐水的含盐量;

(2) 经过多少时间,容器内盐水的含盐量超过 800 g?

解:(1) 设时刻 t 容器内的含盐量为 $m(t)$,由于盐水溶液的体积没有发生改变,所以此时容器内盐水的浓度为$\frac{m}{100}$ g/L.

在时间段$[t,t+dt]$内,根据物料平衡原理,有

容器内含盐量的改变量=注入盐水的含盐量－排出盐水的含盐量,

即 $dm=5\times 10\times dt-5\times\frac{m}{100}\times dt$.

这是一个可分离变量的微分方程,分离变量得

$$\frac{dm}{m-1\,000}=-\frac{dt}{20}.$$

方程两端积分得 $\ln(m-1\,000)=-\frac{t}{20}+\ln C$,即 $m=1\,000+Ce^{-\frac{t}{20}}$.

代入初始条件 $m(0)=100$,得 $C=-900$,所以在时刻 t 容器内的含盐量为

$$m=1\,000-900e^{-\frac{t}{20}}.$$

于是可求出 20 min 后容器内盐水的含盐量为

$$m(20)=1\,000-900e^{-1}\approx 668.9\text{ g}.$$

(2) 解不等式 $1\,000-900e^{-\frac{t}{20}}>800$,得 $t>-20\ln\frac{1\,000-800}{900}\approx 30.10$ min.

所以经过约 30 分 06 秒后,容器内盐水的含盐量超过 800 g.

【案例 4.7】(半球形漏斗的漏水问题)有一个半径为 1 m 的半球形的漏斗,开始时里面盛满了水,现在水从漏斗底部一个半径为 1 cm 的小圆孔流出,问经过多少时间,容器内的水从小孔全部流完?[已知在液面高度为 h 时,水从小孔内流出的(体积)速度为 $\alpha A\sqrt{2gh}$ cm^3/s,其中 A 为孔口面积,α 为孔口收缩系数,经测定其值约为 0.62.]

解:以底部中心为原点,铅直向上为 h 轴正向,建立坐标轴如图 4.2 所示.

设在时刻 t 时,液面高度为 $h(t)$,此时液面圆的半径为

$$r=\sqrt{100^2-(100-h)^2}=\sqrt{200h-h^2}.$$

在时间段$[t,t+\mathrm{d}t]$内，液面高度由h变为$h+\mathrm{d}h$，可知$\mathrm{d}h<0$，根据物料平衡原理，有

容器内减少的体积=底部小孔中流出的体积.

注意到$\mathrm{d}h<0$的事实，可得

$$-\pi r^2\mathrm{d}h=\alpha A\sqrt{2gh}\mathrm{d}t,$$

即$-\dfrac{200h-h^2}{\sqrt{h}}\mathrm{d}h=0.62\sqrt{2g}\mathrm{d}t.$

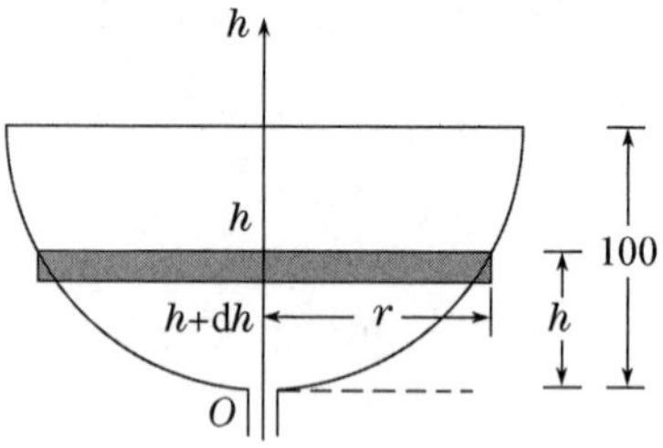

图 4.2

这是一个可分离变量方程，分离变量并积分得

$$\frac{2}{5}h^{\frac{5}{2}}-\frac{400}{3}h^{\frac{3}{2}}=27.45t+C.$$

代入初始条件$h(0)=100$，得$C=-\dfrac{280\,000}{3}$，所以在时刻t的液面高度h为

$$6h^{\frac{5}{2}}-2\,000h^{\frac{3}{2}}=411.75t-1\,400\,000.$$

令$h=0$，即可求出容器内的水从小孔全部流完所需时间约 3 400 秒.

【案例 4.8】(污水治理问题)某湖泊的水量为V，每年以均匀的速度排入湖泊内的含污染物A的污水量为$\dfrac{V}{6}$，而流入湖泊内不含污染物A的水量也是$\dfrac{V}{6}$，同时每年以均匀的速度将湖水量$\dfrac{V}{3}$排出湖泊，以保持湖泊的常年水量为V.

现在，经测量发现湖水中污染物A的含量为$5m_0$，即超过了国家标准的 4 倍.

为了治理湖水的污染问题，规定从明年年初起执行限排标准：排入湖泊中的污水含A浓度不得超过$\dfrac{m_0}{V}$.

问在执行这样的规定后，至多需要经多少年，湖泊内污染物A的含量会降至不超过m_0(这里假定湖水中含A的浓度始终是均匀的)？

解：以明年年初作为时间坐标轴的原点，设在时刻t湖泊中含污染物A的量为$m=m(t)$，则在时间段$[t,t+\mathrm{d}t]$内湖水中含污染物A的量的改变量为$\mathrm{d}m$.

根据湖泊内含A量的改变量=流入量-排出量的原理，有

$$\mathrm{d}m=\left(\frac{V}{6}\right)\left(\frac{m_0}{V}\right)\mathrm{d}t-\left(\frac{V}{3}\right)\left(\frac{m}{V}\right)\mathrm{d}t=\frac{1}{3}\left(\frac{m_0}{2}-m\right)\mathrm{d}t.$$

这是一个一阶可分离变量方程，分离变量并积分得

$$m=\frac{m_0}{2}+C\mathrm{e}^{-\frac{t}{3}}.$$

由初始条件$m(0)=5m_0$，可得$C=\dfrac{9}{2}m_0$，从而有

$$m=\frac{m_0}{2}(1+9\mathrm{e}^{-\frac{t}{3}}).$$

解不等式$m\leqslant m_0$，即$1+9\mathrm{e}^{-\frac{t}{3}}\leqslant 2$，可得$t\geqslant 6\ln 3\approx 6.592$.

即至多经过 6.592 年，湖泊内污染物A的含量就会降至不超过m_0.

注：从解的形式$t\geqslant 6\ln 3$看，似乎应有"至少需要经过 6.592 年"的结论，但前提条件是所有相关单位都严格执行了限排标准，并假定出现的是最坏情况，即各单位刚好达到限排标

准的上限，所以实际情况要比这个结果好一点，即在不到 6.592 年内就可实现控制目标.

【案例 4.9】(冷却定理与破案问题)

问题一　在一个冬天的夜晚，警方于 20∶20 接到报警，立即于第一时间赶到凶案现场，随即法医在晚上 20∶30 测得尸体体温为 33.4 ℃，一小时后在现场再次测得尸体体温为 32.2 ℃，案发现场气温始终是 23 ℃，据死者王某家属称，20∶15 回家时发现窗户就一直是开着的，并设定在 23 ℃上.

警方经过初步排查，认为张某具有较大嫌疑. 因为他有作案动机：张某与死者王某生前纠纷不断、结怨甚深.

现在要确定张某有没有作案时间，有确凿的证据说明，18∶00 之前的整个下午张某一直在岗位上，但 18∶00 以后谁也无法作证张某在何处，而张某的岗位到死者遇害地点只有步行 5 min 的路程.

请你根据牛顿冷却定理，确定能不能从时间上排除张某的作案嫌疑.

解：众所周知，一个正常的人在一般的温度环境下，受大脑神经中枢的调节，其体温能维持为 37 ℃，但死亡后其体温调节功能立即丧失，于是逐渐冷却.

以 20∶30 作为时间坐标的起始点，记为 $t=0$，设在时刻 t，尸体的体温为 $T(t)$，根据牛顿冷却定律可知，冷却速率与温差成正比，即在 $[t,t+\mathrm{d}t]$ 时段内，体温的改变量服从等量关系

$$\mathrm{d}T=-k(T-23)\mathrm{d}t.$$

这是一个一阶可分离变量方程，分离变量并积分得

$$T=23+C\mathrm{e}^{-kt}.$$

由初始条件 $T(0)=33.4$，可得 $C=10.4$，所以有

$$T=23+10.4\mathrm{e}^{-kt}.$$

由 $T(1)=32.2$，可得 $k=0.1226$，即

$$T=23+10.4\mathrm{e}^{-0.1226t}.$$

据此，可确定被害者死亡时间. 在上式中令 $T=37$，解得

$$t=-2.425,$$

也就是说被害者是在 2.425 小时前，即在 18∶05 遇害的.

由此可知，从时间上看暂时还不能排除张某是嫌犯的可能性.

问题二　在经过深入的调查取证中，发现死者在当天 15∶30 曾去医院就诊，病历卡上记录：体温 38.3 ℃，而根据法医鉴定，死者体内没有发现服用过任何退烧药的迹象.

试问据此可排除张某的作案可能性吗？

解：在上面已经得到的结论

$$T=23+10.4\mathrm{e}^{-0.1226t}$$

中，代入 $T=38.3$ ℃，可解得

$$t=-3.1488,$$

即死者遇害时间约为 17∶21，可彻底排除张某作案的可能性.

【案例 4.10】(新技术的推广问题) 某工厂推广一项新技术，刚开始时候，在 2 000 人中派出 10 个人先出去学习这种新技术，完全掌握后回厂进行传帮带，使其他工人也掌握此技术. 经一个星期推广后有 40 个人掌握了这种新技术. 已知推广这种新技术的速度，跟已经掌握

这种新技术的人数与尚未掌握这种新技术的人数之乘积成正比. 试问经过 4 个星期推广后，还有多少人没有掌握这种新技术？再经过 4 个星期呢？

解:设在时刻 t(星期)已掌握的人数为 $N(t)$，则根据元素法，在 $[t,t+\mathrm{d}t]$ 时段内掌握新技术人数的增量为

$$\mathrm{d}N=kN(2\,000-N)\mathrm{d}t.$$

这是一个一阶可分离变量方程，分离变量得

$$\left(\frac{1}{N}+\frac{1}{2\,000-N}\right)\mathrm{d}N=2\,000k\mathrm{d}t.$$

方程两端积分得 $\ln\frac{N}{2\,000-N}=2\,000kt+\ln C$，即 $\frac{N}{2\,000-N}=C\mathrm{e}^{2\,000kt}$.

由初始条件 $N(0)=10$，可知 $C=\frac{1}{199}$，即

$$\frac{N}{2\,000-N}=\frac{1}{199}\mathrm{e}^{2\,000kt}.$$

又因为 $N(1)=40$，可确定 $k=\dfrac{\ln\dfrac{199\times 40}{2\,000-40}}{2\,000}=0.000\,700\,7$，即

$$\frac{N}{2\,000-N}=\frac{1}{199}\mathrm{e}^{1.401\,4t},$$

由此即可得
$$N=\frac{2\,000}{1+199\mathrm{e}^{-1.401\,4t}}.$$

当 $t=4$ 时，可解得 $N\approx 1\,155$，即尚未掌握这种新技术的人数为 $2\,000-N\approx 845$；

当 $t=8$ 时，可解得 $N\approx 1\,994.6$，即仅有五六个人还没有掌握这种新技术.

【案例 4.11】(第二宇宙速度问题)要使垂直向上发射的火箭永远离开地面，问发射初速度 v_0 至少应该有多大？

解:取地球中心为坐标原点建立 r 轴如图 4.3 所示. 若设地球质量为 M，半径为 R，火箭质量为 m，并忽略火箭运动过程中的各种阻力，则当火箭运动到 $r(>R)$ 点的位置时，仅受地球对它引力

$$F(r)=\frac{GmM}{r^2}$$

的作用，其中 G 为万有引力常数.

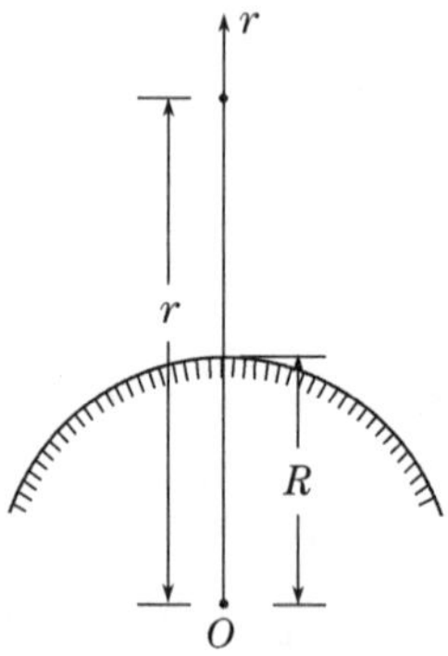

图 4.3

由于当 $r=R$ 时，地球的引力就是物体的重力，即

$$\frac{GmM}{R^2}=mg,$$

所以有 $MG=gR^2$，于是

$$F(r)=mg\frac{R^2}{r^2}.$$

利用牛顿第二定律，得

$$m\frac{\mathrm{d}^2r}{\mathrm{d}t^2}=-mg\frac{R^2}{r^2}.$$

这是一个不显含自变量 t 的特殊的二阶微分方程，并有初始条件 $r(0)=R$，$r'(0)=v_0$.

以 $v=\frac{dr}{dt}$为新未知函数，r 为新自变量，则$\frac{d^2r}{dt^2}=\frac{dv}{dt}=\frac{dv}{dr}\frac{dr}{dt}=v\frac{dv}{dr}$，于是有

$$v\frac{dv}{dr}=-\frac{gR^2}{r^2}.$$

这是一个可分离变量方程，分离变量并积分得

$$\frac{1}{2}(v^2-v_0^2)=\frac{gR^2}{r}-gR\Rightarrow v=\sqrt{\frac{2gR^2}{r}+v_0^2-2gR}.$$

为使物体永远离开地球，r 应该能够趋于离地球无穷远处，此时有$\frac{2gR^2}{r}\to 0$，因此必须有

$$v_0^2-2gR\geqslant 0.$$

代入数据 $g=981\ \mathrm{cm/s^2}$ 和 $R=6.378\times10^8\ \mathrm{cm}$，可得

$$v_0\geqslant\sqrt{2\times981\times6.378\times10^8}\approx1.12\times10^6(\mathrm{cm/s})=11.2\ \mathrm{km/s}.$$

这就是我们所要求的**脱离速度**，也就是通常所说的**第二宇宙速度**.

【案例 4.12】(关闭动力的汽艇还能滑行多远问题)汽艇以 27 km/h 的速度，在静止的海面上行驶，现在突然关闭其动力系统，它就在静止的海面上做直线滑行. 设已知水对汽艇运动的阻力与汽艇运动的速度成正比，并已知在关闭其动力后 20 s 汽艇的速度降为 10.8 km/h. 试问它最多能滑行多远？

解：设汽艇的质量为 m(kg)，关闭动力后 t(s)，汽艇滑行了 x(m)，根据牛顿第二运动定律，有 $m\frac{d^2x}{dt^2}=-k\frac{dx}{dt}$，即 $x''+\mu x'=0$，其中 $\mu=\frac{k}{m}$.

上述方程是二阶常系数线性齐次方程，其通解为

$$x=C_1+C_2e^{-\mu t}.$$

由初始条件 $x(0)=0$，$x'(0)=\frac{27\,000}{3\,600}=7.5$，得 $C_1=\frac{7.5}{\mu}$，$C_2=-\frac{7.5}{\mu}$，即运动方程为

$$x=\frac{7.5}{\mu}(1-e^{-\mu t}).$$

由条件 $x'(20)=\frac{10\,800}{3\,600}=3$，即 $3=7.5e^{-20\mu}$，可得 $\mu=\frac{\ln2.5}{20}$，即

$$x=\frac{150}{\ln2.5}(1-e^{-\frac{\ln2.5}{20}t}).$$

因为$\frac{dx}{dt}=7.5e^{-\frac{\ln2.5}{20}t}>0$ 恒成立，所以从理论上说，这艘汽艇是永远也不会停下来的.

但是由于 $\lim\limits_{t\to+\infty}\frac{150}{\ln2.5}(1-e^{-\mu t})=\frac{150}{\ln2.5}\approx163.7$ m，所以最大滑行距离为 163.7 m.

练习题 4.1

一、填空题(每小题 4 分,共 20 分)

1. 微分方程 $\frac{d^2y}{dx^2}+\left(\frac{dy}{dx}\right)^3-2xy=1$ 的阶是________________.

2. 微分方程 $\frac{d^3y}{dx^3}+\left(\frac{dy}{dx}\right)^4-y=2x$ 的通解中应包含的任意常数的个数是____________.

3. 微分方程 $\frac{dy}{dx}=\frac{1}{x}$ 的通解是________________.

4. 一阶可分离变量微分方程的一般形式是________________.

5. 一阶线性微分方程的一般形式是________________.

二、单选题(每小题 4 分,共 20 分)

1. 下列微分方程中,(　　)是一阶线性微分方程.

A. $xydy=(x^2+y^2)dx$　　B. $y'+xy^2=e^x$

C. $\frac{1}{x}y'+\frac{\sin x}{y}=\cos x$　　D. $xdy-ydx=0$

2. 下列微分方程中,(　　)是线性微分方程.

A. $yx^2+\ln y=y'$　　B. $y'y+xy^2=e^x$

C. $y''+xy'=e^y$　　D. $y''\sin x-y'e^x=y\ln x$

3. 微分方程$(y')^2+y'(y'')^3+xy^4=0$ 的阶是(　　).

A. 4　　B. 3　　C. 2　　D. 1

4. 微分方程 $y'=x^2y-2xy$ 是(　　).

A. 一阶非齐次线性微分方程　　B. 齐次微分方程

C. 可分离变量的微分方程　　D. 二阶微分方程

5. 下列函数中,(　　)是微分方程 $y'+\frac{y}{x}=\frac{4}{3}x^2$ 的解.

A. $\frac{x^2}{3}+1$　　B. $\frac{x^3}{3}+\frac{1}{x}$　　C. $-\frac{x^2}{3}+1$　　D. $\frac{x^2}{3}+\frac{1}{x}$

三、计算题(每小题 10 分,共 50 分)

1. 求微分方程 $xydx+(x^2+1)dy=0$ 的通解.

2. 求微分方程 $\frac{\mathrm{d}y}{\mathrm{d}x}=\mathrm{e}^{x+y}$ 的通解.

3. 求微分方程 $\sin x \cdot \cos y\mathrm{d}x=\cos x \cdot \sin y\mathrm{d}y$ 满足初始条件 $y\big|_{x=0}=\frac{\pi}{4}$ 的特解.

4. 求微分方程 $y'-y=\mathrm{e}^{x}$ 的通解.

5. 求微分方程 $y'+y\tan x=\cos x$ 的通解.

四、应用题(本小题 10 分)

已知某平面曲线经过点(1,1),它的切线在纵轴上的截距等于切点的横坐标,求曲线方程.

练习题 4.2

一、填空题(每小题 4 分,共 20 分)

1. 微分方程 $y''+y'-2y=0$ 的通解为____________________.

2. 微分方程 $y''-4y'+4y=0$ 的通解为____________________.

3. 微分方程 $2y''+2y'+y=0$ 的通解为____________________.

4. 微分方程 $y''+4y'+3y=2x^2$ 的一个特解可设为 $y^*=$____________________.

5. 微分方程 $y''+y=2\cdot e^x$ 的一个特解可设为 $y^*=$____________________.

二、单选题(每小题 4 分,共 20 分)

1. 微分方程 $y''-4y'+3y=e^x$ 的一个特解可设为 $y^*=$(　　).

   A. xe^x　　B. Axe^x　　C. $x+e^x$　　D. e^x

2. 微分方程 $y''-4y'+4y=xe^{2x}$ 的一个特解可设为 $y^*=$(　　).

   A. x^2e^{2x}　　B. x^3e^{2x}　　C. $x^2(Ax+B)e^{2x}$　　D. e^{2x}

3. 微分方程 $y''+y=2x$ 的一个特解可设为 $y^*=$(　　).

   A. $2x$　　B. $A\cdot 2x$　　C. $x\cdot Ax$　　D. x^2

4. 微分方程 $y''=x^2$ 的解是(　　).

   A. $y=\frac{1}{x}$　　B. $y=\frac{x^3}{3}+C$　　C. $y=\frac{x^4}{12}$　　D. $y=\frac{x^4}{6}$

5. 微分方程 $y''-2y'+y=0$ 的两个线性无关的解是(　　).

   A. e^x 与 e^{-x}　　B. e^{2x} 与 e^{-2x}　　C. e^x 与 xe^x　　D. e^x 与 xe^{-x}

三、计算题(每小题 10 分,共 50 分)

1. 求微分方程 $4y''+4y'+y=0$ 满足初始条件 $y(0)=2, y'(0)=0$ 的特解.

2. 求微分方程 $y''+y=-2x$ 的通解.

3. 求微分方程 $y''-4y=e^{2x}$ 的通解.

4. 求微分方程 $y''-3y'+2y=2e^{2x}$ 的通解.

5. 求微分方程 $y''+3y'+2y=x\cdot e^{x}$ 的通解.

四、应用题(本题 10 分)

求满足方程 $y''-y=0$ 的曲线,使其在点(0,0)处与直线 $y=x$ 相切.

测试题 4

一、填空题(每小题 4 分,共 20 分)

1. 微分方程 $y^3(y'')^2+xy'=x^2$ 的阶数为________.

2. 通过点(1,1)处,且斜率处处为 x 的曲线方程是________.

3. 微分方程 $xyy'=1-x^2$ 满足初始条件 $y|_{x=1}=1$ 的特解为________.

4. 已知 $y_1(x)$,$y_2(x)$是二阶常系数齐次线性微分方程的两个解,则 $C_1y_1(x)+C_2y_2(x)$ 是该方程通解的充分必要条件是________.

5. 微分方程 $y''+2y'=0$ 的通解是________.

二、单选题(每小题 4 分,共 20 分)

1. 下列方程中,( )是一阶线性微分方程.

A. $\dfrac{dy}{dx}=\dfrac{x^2+y^2}{xy}$　　B. $\dfrac{1}{x}y'+y\sin x=\cos x$

C. $y''+2y'+y=0$　　D. $y'+2y^2=0$

2. 下列方程中,( )是可分离变量的微分方程.

A. $y'=1+x+y^2+xy^2$　　B. $y'+y=e^{-x}$

C. $y'=1+\ln x+\ln y$　　D. $ydx=(x-y^2)dy$

3. 二阶线性齐次微分方程 $y''-y'=0$ 的通解是( ).

A. $C_1-C_2e^x$　　B. $C_1e^x+C_2xe^x$

C. $C_1+C_2e^{-x}$　　D. $C_1e^{-x}+C_2xe^{-x}$

4. 微分方程 $y''+y=e^x$ 的一个特解可设为 $y^*=$( ).

A. e^x　　B. Ae^x　　C. x　　D. $x\cdot Ae^x$

5. 微分方程 $y''+y=0$ 的一个解是 $y=$( ).

A. e^x　　B. $\sin 2x$　　C. $\sin x$　　D. e^x+e^{-x}

三、计算题(每小题 12 分,共 60 分)

1. 求微分方程 $y'=e^{2x-y}$ 满足初始条件 $y|_{x=0}=0$ 的特解 .

2. 求微分方程 $y'+\frac{y}{x}=\sin x$ 的通解.

3. 求微分方程 $y''+2y'-3y=2e^{x}$ 的通解.

4. 求微分方程 $y''-5y'+6y=2e^{x}$ 满足初始条件 $y|_{x=0}=1, y'|_{x=0}=0$ 的特解.

5. 求微分方程 $y''+2y'+2y=xe^{-x}$ 满足初始条件 $y|_{x=0}=y'|_{x=0}=0$ 的特解.

第 5 章　无穷级数案例与练习

内容提要

本章的内容主要是级数收敛、发散的概念，数项级数收敛、发散的判别和幂级数收敛区间的求法.

级数收敛、发散的概念部分的基本内容：数项级数收敛、发散的概念和几何级数的敛散性.

数项级数收敛、发散的判别部分的基本内容：正项级数的比较判别法和比值判别法，p 级数的敛散性，交错级数的莱布尼兹判别法，任意项级数的绝对收敛和条件收敛判别.

幂级数收敛区间的求法部分的基本内容：幂级数收敛点、收敛区间、收敛域和收敛半径的概念，求幂级数的收敛区间.

为了帮助大家更好地理解、掌握和应用这些内容，我们编写了下面的案例与练习.

疑难解析

一、关于级数收敛的必要条件

级数 $\sum\limits_{n=1}^{\infty}u_n$ 收敛的必要条件为：$\lim\limits_{n\to\infty}u_n=0$. 它只对于发散级数的判定比较有效. 只要满足$\lim\limits_{n\to\infty}u_n\neq0$，则该级数一定发散. 但要强调的是，它只是必要条件而不是充要条件. 即使满足$\lim\limits_{n\to\infty}u_n=0$，$\sum\limits_{n=1}^{\infty}u_n$ 也有可能发散. 例如调和级数 $\sum\limits_{n=1}^{\infty}\dfrac{1}{n}$，它的通项显然满足$\lim\limits_{n\to\infty}\dfrac{1}{n}=0$，但它是一个发散的级数.

二、关于级数的敛散性判别法

1. 比较判别法

比较判别法只适合正项级数使用，它的特点是需要找一个参照级数和原级数进行比较，因此这个参照级数的选取就尤为重要.

通常，要判断级数收敛时 $\sum\limits_{n=1}^{\infty}u_n$，需要找一个级数 $\sum\limits_{n=1}^{\infty}v_n$ 和其进行比较，且这个级数需同时满足下列两个条件：(1) $u_n\leqslant v_n$；　(2) 级数 $\sum\limits_{n=1}^{\infty}v_n$ 收敛.

要判断级数 $\sum\limits_{n=1}^{\infty}u_n$ 发散时，需要找一个级数 $\sum\limits_{n=1}^{\infty}v_n$ 和其进行比较，且这个级数需同时满

足以下两个条件：(1) $u_n \geqslant v_n$；(2) 级数 $\sum\limits_{n=1}^{\infty} v_n$ 发散.

比较审敛法中，最常用的参照级数是 p-级数 $\sum\limits_{n=1}^{\infty} \frac{1}{n^p}$. 当 $0<p\leqslant 1$ 时，p-级数 $\sum\limits_{n=1}^{\infty} \frac{1}{n^p}$ 是发散的；当 $p>1$ 时，p-级数 $\sum\limits_{n=1}^{\infty} \frac{1}{n^p}$ 是收敛的. 在用比较判别法进行判别时，要根据所给的级数灵活选取.

2. 比值判别法

同比较判别法一样，比值判别法也只适用于正项级数的判别. 一般情况下，若所给级数的通项中含有 n^n、$n!$ 或 a^n 时，用比值判别法较为方便.

和比较判别法相比，比值判别法无须再去另外寻找一个参照级数，而是根据所给级数自身的性质可以直接判别，该判别法的使用会更为简单. 与此同时，比值判别法也并不是万能的. 对于一个正项级数 $\sum\limits_{n=1}^{\infty} u_n$，若 $\lim\limits_{n\to\infty} \frac{u_{n+1}}{u_n}=1$，则此时比值判别法就失效，应当再使用其他方法进行判别.

3. 莱布尼茨判别法

莱布尼茨判别法只针对交错级数(通项中正负项交替出现的级数)适用. 若交错级数同时满足这两个条件，则该级数收敛：(1) $u_n \geqslant u_{n+1}$；(2) $\lim\limits_{n\to\infty} u_n=0$，显然，条件(2)是级数收敛的必要条件.

4. 绝对收敛与条件收敛

根据定理，可以把对任意项级数敛散性的判定转化为对正项级数敛散性的判定. 由此，还可以得到如下两个推论：

(1) 若级数 $\sum\limits_{n=1}^{\infty} u_n$ 收敛，$\sum\limits_{n=1}^{\infty} |u_n|$ 可能发散. (2) 若级数 $\sum\limits_{n=1}^{\infty} u_n$ 发散，则 $\sum\limits_{n=1}^{\infty} |u_n|$ 一定发散.

三、关于幂级数的收敛域与收敛半径

用达朗贝尔判别法求收敛域时，一定要特别注意在端点处的敛散性.

对于常见的幂级数 $\sum\limits_{n=0}^{\infty} a_n x^n$，收敛半径及收敛区间可以直接用定理来求，但对于一些特殊形式的幂级数该判定方法失效. 形如 $\sum\limits_{n=1}^{\infty} a_n x^{2n}$ 这样的级数，它的偶次方项系数均为 0；形如 $\sum\limits_{n-1}^{\infty} \frac{1}{n}(x-2)^n$，它的通项是一个复合式. 处理这一类问题时通常有两种方法：

(1) 通过换元法将通项转化为标准型：对于级数 $\sum\limits_{n=1}^{\infty} a_n x^{2n}$，不妨令 $t=x^2$，则原级数可转化 $\frac{1}{1-x}\sum\limits_{n=1}^{\infty} a_n t_n$ 进行处理，最后根据 t 与 x 的关系得出原级数的收敛区间；对于级数

$\sum_{n=1}^{\infty}\frac{1}{n}(x-2)^n$，不妨令 $t=x-2$，则原级数转化为 $\sum_{n=1}^{\infty}a_nt_n$ 这样的标准型，求出该标准型幂级数的收敛区间后再根据 t 与 x 的关系得出原级数的收敛区间.

(2) 直接应用达朗贝尔判别法，令 $\lim_{n\to\infty}\left|\frac{u_{n+1}(x)}{u_n(x)}\right|$，解出原级数的收敛区间，最后不要忘了还要判断在两个端点处的敛散性.

四、关于函数展开成幂函数

对于较为简单的函数 $f(x)$，可以用泰勒展开式对其直接进行展开. 但在实际应用的时候，直接展开计算量大往往较为繁琐，更多的是利用间接展开法. 根据常用的 $\frac{1}{1-x}$，e^x，$\ln(1+x)$，$(1+x)^\alpha$，$\sin x$，$\cos x$ 的麦克劳林公式，并利用幂级数的运算性质（加减运算）或分析性质（逐项求导和逐项之积），将所给函数展开成幂级数. 因此，对于这些常用函数的麦克劳林级数，一定要能熟练掌握. 同时将函数展开成幂级数后，必须要写出它的收敛区间.

案例分析

【案例 5.1】(分苹果) 有 A、B、C 三人按以下方法分一个苹果：先将苹果分成四份，每人各取一份；然后将剩下的一份又分成四份，每人又各取一份；依此类推，以至无穷. 验证：最终每人分得苹果的 $\frac{1}{3}$.

解：根据题意，每人分得的苹果为

$$\frac{1}{4}+\frac{1}{4^2}+\frac{1}{4^3}+\cdots+\frac{1}{4^n}+\cdots$$

它为等比级数，因为 $\frac{1}{4}<1$，所以此级数收敛，其和为

$$\lim_{n\to\infty}s_n=\lim_{n\to\infty}\frac{\frac{1}{4}}{1-\frac{1}{4}}=\frac{1}{3}.$$

【案例 5.2】(增加投资带来的消费总增长) 假设政府在经济上投入 1 亿元人民币以刺激消费. 如果每个经营者和每个居民将收入的 25% 存入银行，其余的 75% 被消费掉，从最初的 1 亿元开始，这样一直下去. 问：由政府增加投资而引起的消费总增长为多少？如果每人只存 10%，结果为多少？

解：根据题意，若每人收入的 25% 存入银行，则引起的消费总增长为

$$1+\frac{3}{4}+\left(\frac{3}{4}\right)^2+\left(\frac{3}{4}\right)^3+\cdots+\left(\frac{3}{4}\right)^n+\cdots$$

它为等比级数，因为 $\frac{3}{4}<1$，所以此级数收敛，其和为

$$\lim_{n\to\infty}s_n=\lim_{n\to\infty}\frac{1}{1-\frac{3}{4}}=4.$$

同理，若每人只存 10%，则引起的消费总增长为$\lim\limits_{n\to\infty}\dfrac{1}{1-\frac{9}{10}}=10$.

【案例 5.3】(弹簧的运动总路程)一只球从 100 米的高空落下，每次弹回的高度为上次高度的$\dfrac{2}{3}$，这样运动下去，求小球运动的总路程.

解：总路程为 $100+100\times\frac{2}{3}\times2+100\times\left(\frac{2}{3}\right)^2\times2+\cdots+100\times\left(\frac{2}{3}\right)^{n-1}\times2+\cdots$

$$=100+200\times\frac{2}{3}+200\times\left(\frac{2}{3}\right)^2+\cdots+200\times\left(\frac{2}{3}\right)^{n-1}$$

$$=\lim_{n\to\infty}\left(100+\frac{200\times\frac{2}{3}}{1-\frac{2}{3}}\right)=500\text{ 米}.$$

【案例 5.4】(Koch 雪花)做法：先给定一个正三角形，然后在每条边上对称的产生边长为原边长的 1/3 的小正三角形. 如此类推在每条凸边上都做类似的操作，我们就得到了面积有限而周长无限的图形——“Koch 雪花”.

解：如图 5.1 所示，可以观察雪花分形过程. 设三角形周长为 $P_1=3$，面积为 $A_1=\frac{\sqrt{3}}{4}$；

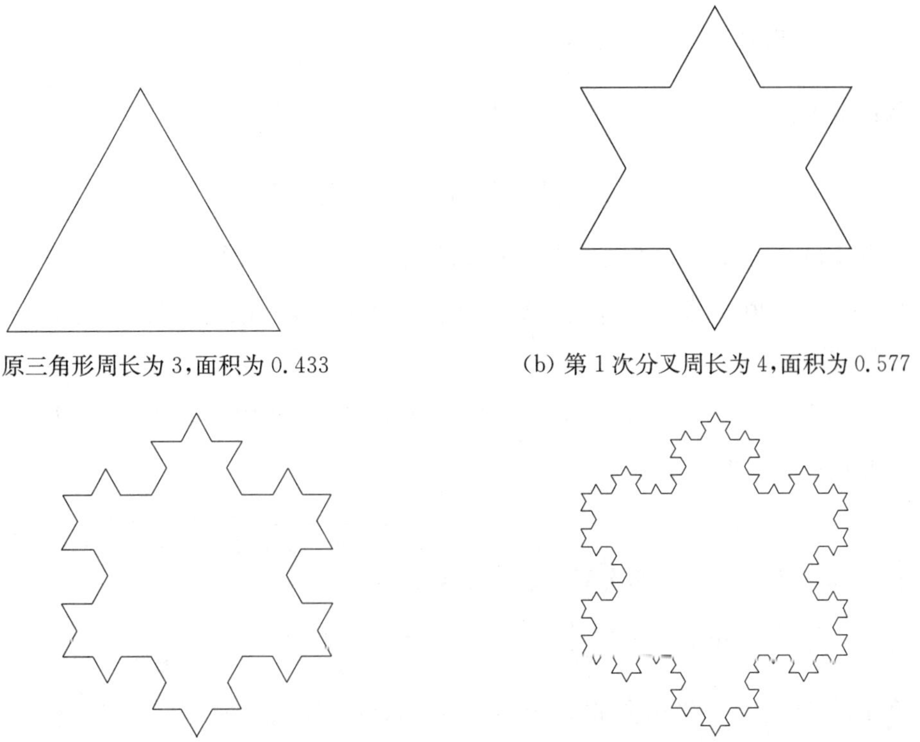

(a) 原三角形周长为 3，面积为 0.433

(b) 第 1 次分叉周长为 4，面积为 0.577

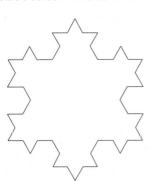

(c) 第 2 次分叉周长为 5.33，面积为 0.642

(d) 第 3 次分叉周长为 7.11，面积为 0.67

图 5.1

第一次分叉：周长为 $P_2=\frac{4}{3}P_1$，面积为 $A_2=A_1+3\cdot\frac{1}{9}\cdot A_1$；

依次类推

第 n 次分叉：周长为 $P_n=\left(\frac{4}{3}\right)^{n-1}P_1, n=1,2,\cdots$

$$\begin{aligned}\text{面积为 } A_n &= A_{n-1}+3\left\{4^{n-2}\left[\left(\frac{1}{9}\right)^{n-1}A_1\right]\right\}\\ &= A_1+3\cdot\frac{1}{9}A_1+3\cdot 4\cdot\left(\frac{1}{9}\right)^2A_1+\cdots+3\cdot 4^{n-2}\cdot\left(\frac{1}{9}\right)^{n-1}A_1\\ &= A_1\left\{1+\left[\frac{1}{3}+\frac{1}{3}\left(\frac{4}{9}\right)+\frac{1}{3}\left(\frac{4}{9}\right)^2+\cdots+\frac{1}{3}\left(\frac{4}{9}\right)^{n-2}\right]\right\}.\end{aligned}$$

于是有

$$\lim_{n\to\infty}P_n=\infty,$$

$$\lim_{n\to\infty}A_n=A_1\left(1+\frac{\frac{1}{3}}{1-\frac{4}{9}}\right)=A_1\left(1+\frac{3}{5}\right)=\frac{2\sqrt{3}}{5}.$$

结论：雪花的周长是无界的，而面积有界.

【案例 5.5】(近似计算) 计算 $\ln 2$ 的近似值(精确到小数后第 4 位).

解： 我们可利用展开式

$$\ln(1+x)=x-\frac{x^2}{2}+\frac{x^3}{3}-\frac{x^4}{4}+\cdots+(-1)^{n-1}\frac{x^n}{n}+\cdots\quad(-1<x\leqslant 1)$$

令 $x=1$，即 $\ln 2=1-\frac{1}{2}+\frac{1}{3}-\frac{1}{4}+\cdots+(-1)^{n-1}\frac{1}{n}+\cdots$

$$\begin{aligned}\text{其误差为 } |R_n| &= |\ln 2-S_n|=\left|(-1)^n\frac{1}{n+1}+(-1)^{n+1}\frac{1}{n+2}+\cdots\right|\\ &= \left|\frac{1}{n+1}-\frac{1}{n+2}+\cdots\right|<\frac{1}{n+1}.\end{aligned}$$

故要使精度达到10^{-4}，需要的项数 n 应满足$\frac{1}{n+1}<10^{-4}$，即 $n>10^4-1=9\,999$，亦即 n 应要取到 10 000 项，这个计算量实在是太大了. 是否有计算 $\ln 2$ 更有效的方法呢？

将展开式

$$\ln(1+x)=x-\frac{x^2}{2}+\frac{x^3}{3}-\frac{x^4}{4}+\cdots+(-1)^{n-1}\frac{x^n}{n}+\cdots\quad(-1<x\leqslant 1)$$

中的 x 换成$(-x)$，得

$$\ln(1-x)=-x-\frac{x^2}{2}-\frac{x^3}{3}-\frac{x^4}{4}-\cdots-\frac{x^n}{n}-\cdots\quad(-1\leqslant x<1)$$

两式相减，得到如下不含有偶次幂的幂级数展开式

$$\ln\frac{1+x}{1-x}=2\left(\frac{x}{1}+\frac{x^3}{3}+\frac{x^5}{5}+\frac{x^7}{7}+\cdots\right)\quad(-1<x<1)$$

在上式中令$\frac{1+x}{1-x}=2$，可解得 $x=\frac{1}{3}$，代入上式得

$$\ln 2=2\left(\frac{1}{1}\cdot\frac{1}{3}+\frac{1}{3}\cdot\frac{1}{3^3}+\frac{1}{5}\cdot\frac{1}{3^5}+\frac{1}{7}\cdot\frac{1}{3^7}+\cdots\right)$$

其误差为 $|R_{2n+1}|=|\ln 2-S_{2n-1}|=2\cdot\left|\frac{1}{2n+1}\cdot\frac{1}{3^{2n+1}}+\frac{1}{2n+3}\cdot\frac{1}{3^{2n+3}}+\cdots\right|$

$$\leqslant 2\cdot\frac{1}{2n+1}\cdot\frac{1}{3^{2n+1}}\left|1+\frac{1}{3^2}+\frac{1}{3^4}+\cdots\right|<\frac{1}{4(2n+1)\cdot 3^{2n-1}}.$$

用试根的方法可确定当 $n=4$ 时满足误差 $|R_{2n-1}|<10^{-4}$，此时的 $\ln 2\approx 0.693\,14$. 显然这一计算方法速度大大提高了计算的速度，这种处理手段通常称作幂级数收敛的加速技术.

【案例 5.6】(银行存款问题)某人在银行里存入人民币 A 元，一年后取出 1 元，两年后取出 4 元，三年后取出 9 元……n 年后取出 n^2 元. 试问：A 至少应为多大时，才能使这笔钱按照这种取钱方式永远也取不完？这里，设银行年利率为 r，且以复利计息.

分别在 $r=0.02$ 和 $r=0.05$ 时，求出期初应存入人民币 A 的值.

解：记 $A_0=A$，则在一年后，由于取出了 1 元，所以还余下

$$A_1=A_0(1+r)-1;$$

在两年后，由于又取出了 4 元，所以还余下

$$A_2=A_1(1+r)-4=A_0(1+r)^2-(1+r)-4;$$

……

在 n 年后，由于又取出 n^2 元，所以还余下

$$\begin{aligned}A_n&=A_{n-1}(1+r)-n^2\\&=A_0(1+r)^n-\left[(1+r)^{n-1}+4(1+r)^{n-2}+9(1+r)^{n-3}+\cdots+n^2\right]\\&=(1+r)^n\left\{A_0-\left[\frac{1}{1+r}+\frac{4}{(1+r)^2}+\frac{9}{(1+r)^3}+\cdots+\frac{n^2}{(1+r)^n}\right]\right\}.\end{aligned}$$

根据题意可知，对任一正整数 n，都有 $A_n>0$，即

$$A_0-\left[\frac{1}{1+r}+\frac{4}{(1+r)^2}+\frac{9}{(1+r)^3}+\cdots+\frac{n^2}{(1+r)^n}\right]>0.$$

根据 n 的任意性可知应有

$$A_0\geqslant\sum_{n=1}^{\infty}\frac{n^2}{(1+r)^n}.$$

构造幂级数 $\sum\limits_{n=1}^{\infty}n^2x^n$，容易求得其收敛域为 $(-1,1)$，它在收敛域上的和函数为

$$\begin{aligned}S(x)&=\sum_{n=1}^{\infty}n^2x^n=x\left[\sum_{n=1}^{\infty}nx^n\right]'=x\left[x\left(\sum_{n=1}^{\infty}x^n\right)'\right]'\\&=x\left[x\left(\frac{x}{1-x}\right)'\right]'=\frac{x(1+x)}{(1-x)^3}.\end{aligned}$$

所以 $A_0\geqslant S\left(\frac{1}{1+r}\right)=\frac{(1+r)(2+r)}{r^3}$，即期初至少应存入银行 $\frac{(1+r)(2+r)}{r^3}$ 元.

若 $r=0.02$，期初至少应存入 257 550 元；若 $r=0.05$，期初至少应存入 17 220 元.

练习题 5.1

一、填空题(每小题 4 分,共 20 分)

1. 等比级数(几何级数) $\sum\limits_{n=0}^{+\infty} aq^n (a\neq 0)$,当__________时发散;当__________时收敛.

2. p 级数 $\sum\limits_{n=1}^{+\infty} \frac{1}{n^p}$,当__________时发散;当__________时收敛.

3. 设级数的部分和数列 $S_n=\frac{n}{2n+1}(n=1,2,\cdots)$,则级数的通项 $u_n=$__________,级数的和 $S=$__________.

4. 若数项级数 $\sum\limits_{n=1}^{+\infty} u_n$ 收敛,则必有 $\lim\limits_{n\to+\infty} u_n=$__________.

5. 若级数 $\sum\limits_{n=1}^{+\infty} u_n$ 和 $\sum\limits_{n=1}^{+\infty} v_n$ 均发散,则 $\sum\limits_{n=1}^{+\infty} (u_n+v_n)$是__________.

二、单选题(每小题 4 分,共 20 分)

1. 设数项级数 $\sum\limits_{n=1}^{+\infty} u_n$ 收敛,则(　　)必收敛.

A. $\sum\limits_{n=1}^{+\infty} \frac{1}{u_n}$　　B. $\sum\limits_{n=1}^{+\infty} \frac{u_n}{100}$　　C. $\sum\limits_{n=1}^{+\infty} \left(u_n+\frac{1}{100}\right)$　　D. $\sum\limits_{n=1}^{+\infty} |u_n|$

2. 下列级数中,收敛的是(　　).

A. $\sum\limits_{n=1}^{+\infty} \left(\frac{1}{n}+\frac{1}{n^2}\right)$　　B. $\sum\limits_{n=1}^{+\infty} \left(\frac{1}{n}+1\right)$

C. $\sum\limits_{n=1}^{+\infty} \left(\frac{1}{2^n}-\frac{1}{n^2}\right)$　　D. $\sum\limits_{n=1}^{+\infty} (-1)^n$

3. 设 $a_n=\frac{1}{n}(n=1,2,\cdots)$,则下列级数中收敛的是(　　).

A. $\sum\limits_{n=1}^{+\infty} a_n$　　B. $\sum\limits_{n=1}^{+\infty} (-1)^n a_n$　　C. $\sum\limits_{n=1}^{+\infty} \sqrt{a_n}$　　D. $\sum\limits_{n=1}^{\infty} (-a_n)$

4. 级数 $\sum\limits_{n=1}^{+\infty} \frac{\sin na}{n^2}$是(　　).

A. 发散　　B. 绝对收敛

C. 条件收敛　　D. 敛散性不能确定

5. 级数 $\sum\limits_{n=1}^{+\infty} (-1)^n \frac{1}{n^{\frac{1}{4}}}$是(　　).

A. 绝对收敛　　B. 条件收敛

C. 发散　　D. 敛散性不能确定

三、计算题(每小题 12 分,共 60 分)

1. 判别级数 $\sum_{n=1}^{+\infty}(\sqrt{n+1}-\sqrt{n})$的敛散性.

2. 判别级数 $\sum_{n=1}^{+\infty}\frac{n^2}{4^n}$的敛散性.

3. 判别级数 $\sum_{n=1}^{+\infty}\frac{2^n n!}{n^n}$的敛散性.

4. 判别级数 $\sum_{n=1}^{+\infty}\frac{\sin\frac{n\pi}{2}}{3^n}$是绝对收敛还是条件收敛?

5. 级数 $\sum_{n=1}^{+\infty}(-1)^n\frac{2}{n}$是否收敛? 若收敛,是条件收敛还是绝对收敛?

练习题 5.2

一、填空题(每小题 4 分,共 20 分)

1. 若幂级数 $\sum_{n=0}^{+\infty} a_n x^n$ 的收敛半径为 R,则收敛区间为____________.

2. 幂级数 $\sum_{n=1}^{+\infty} x^n$ 在 $x=2$ 点敛散性是____________.

3. 幂级数 $\sum_{n=1}^{+\infty} \frac{n! \cdot x^n}{n^n}$ 在 $x=2$ 点敛散性是____________.

4. 幂级数 $\sum_{n=1}^{+\infty} \frac{(-2)^n}{n^3} x^n$ 的收敛半径为____________.

5. 幂级数 $\sum_{n=1}^{+\infty} \frac{x^{2n}}{n4^n}$ 的收敛半径为____________.

二、单选题(每小题 4 分,共 20 分)

1. 若幂级数 $\sum_{n=1}^{+\infty} a_n x^n$ 在 $x=3$ 处收敛,则该幂级数在 $x=2$ 处(　　).

   A. 绝对收敛　　B. 条件收敛
   C. 发散　　D. 敛散性不能确定

2. 当 $|x|<1$ 时,幂级数 $\sum_{n=0}^{+\infty} x^n$ 收敛于(　　).

   A. $\frac{x^2}{1-x}$　　B. $1-x$　　C. $\frac{x}{1-x}$　　D. $\frac{1}{1-x}$

3. 幂级数 $\sum_{n=1}^{+\infty} \frac{x^n}{n}$ 的收敛半径是(　　).

   A. $R=+\infty$　　B. $R=2$　　C. $R=0$　　D. $R=1$

4. 幂级数 $\sum_{n=1}^{+\infty} \frac{x^{2n-1}}{n4^n}$ 的收敛半径为(　　).

   A. 4　　B. $\frac{1}{4}$
   C. 2　　D. $\frac{1}{2}$

5. 幂级数 $\sum_{n=1}^{+\infty} \frac{x^{2n-1}}{n4^n}$ 在 $(2,+\infty)$ 内必为(　　).

   A. 收敛　　B. 条件收敛
   C. 绝对收敛　　D. 发散

三、计算题(每小题 12 分,共 60 分)

1. 求幂级数 $\sum\limits_{n=1}^{+\infty}\frac{(-2)^n}{n^3}x^n$ 的收敛域.

2. 求幂级数 $\sum\limits_{n=1}^{+\infty}\frac{x^n}{n!}$的收敛区间.

3. 求幂级数 $\sum\limits_{n=1}^{+\infty}n^n x^n$ 的收敛区间.

4. 求幂级数 $\sum\limits_{n=1}^{+\infty}\frac{2n-1}{2^n}x^{2n-2}$的收敛区间.

5. 求幂级数 $\sum\limits_{n=1}^{+\infty}\frac{x^{2n}}{n4^n}$ 的收敛区间.

测试题 5

一、填空题(每小题 4 分,共 20 分)

1. 级数 $\sum_{n=1}^{\infty} u_n$ 收敛的必要条件是________.

2. 判断下列级数的敛散性:(1) $\sum_{n=1}^{\infty} \frac{1}{2^n}$________;(2) $\sum_{n=1}^{\infty} \frac{1}{\sqrt{n}}$________;(3) $\sum_{n=1}^{\infty} \frac{1}{n}$________;(4) $\sum_{n=1}^{\infty} \left(\frac{3}{2}\right)^n$________;(5) $\sum_{n=1}^{\infty} \frac{1}{n^2}$________.

3. 若级数 $\sum_{n=1}^{\infty} u_n$ 绝对收敛,则级数 $\sum_{n=1}^{\infty} u_n$ 必定________;若级数 $\sum_{n=1}^{\infty} u_n$ 条件收敛,则级数 $\sum_{n=1}^{\infty} |u_n|$ 必定________.

4. 设 $\lim\limits_{n\to\infty} \left|\frac{u_{n+1}}{u_n}\right| = \lambda$,若 $\lambda < 1$,则级数 $\sum_{n=1}^{\infty} u_n$ ________;若 $\lambda > 1$,则级数 $\sum_{n=1}^{\infty} u_n$ ________.

5. 设幂级数 $\sum_{n=1}^{\infty} a_n x^n$ 的收敛半径为 $R(0<R<+\infty)$,则当________时,该幂级数绝对收敛;当________时,该幂级数发散.

二、单选题(每小题 4 分,共 20 分)

1. 以下命题正确的是(　　).

   A. $\lim\limits_{n\to\infty} u_n = 0 \Rightarrow \sum_{n=1}^{\infty} u_n$ 收敛

   B. 当 p<1 时,p 级数 $\sum_{n=1}^{\infty} \frac{1}{n^p}$ 收敛

   C. 收敛级数 $\sum_{n=1}^{\infty} u_n$ 的部分和 $S_n = \sum_{k=1}^{n} u_k$ 有极限

   D. 若级数 $\sum_{n=1}^{\infty} u_n$ 与 $\sum_{n=1}^{\infty} v_n$ 发散,则级数 $\sum_{n=1}^{\infty} (u_n + v_n)$ 也发散

2. 下列级数中收敛的级数为(　　).

   A. $\sum_{n=1}^{\infty} \frac{1}{n}$　　B. $\sum_{n=1}^{\infty} \frac{1}{\sqrt{n}}$　　C. $\sum_{n=1}^{\infty} \frac{1}{n^{\frac{2}{3}}}$　　D. $\sum_{n=1}^{\infty} \frac{1}{n^{\frac{3}{2}}}$

3. 下列级数中收敛的级数为(　　).

   A. $\sum_{n=1}^{\infty} 3$　　B. $\sum_{n=1}^{\infty} 3^n$　　C. $\sum_{n=1}^{\infty} \left(\frac{3}{2}\right)^n$　　D. $\sum_{n=1}^{\infty} \left(\frac{2}{3}\right)^n$

4. 下列级数中收敛的级数为(　　).

   A. $\sum_{n=1}^{\infty} \left(\frac{1}{n} + \frac{1}{n^2}\right)$　　B. $\sum_{n=1}^{\infty} \frac{1}{n} + 1$　　C. $\sum_{n=1}^{\infty} \left(\frac{1}{2^n} + \frac{1}{n^2}\right)$　　D. $\sum_{n=1}^{\infty} (-1)^n$

5. 若幂级数 $\sum_{n=1}^{\infty} a_n x^n$ 在 $x=-1$ 处收敛，则该级数在点 $x=\frac{1}{2}$ 处(　　).

A. 条件收敛　　　　B. 绝对收敛

C. 发散　　　　D. 敛散性不能确定

三、计算题(第 1～3 题各 10 分，第 4 题 30 分，共 60 分)

1. 判别级数 $\sum_{n=1}^{\infty} \frac{1}{\sqrt{n(n+1)}}$ 的敛散性.

2. 判别级数 $\sum_{n=1}^{\infty} \frac{4^n}{n!}$ 的敛散性.

3. 判别级数 $\sum_{n=2}^{\infty} (-1)^n \frac{1}{n \ln n}$ 的敛散性.

4. 求以下幂级数的收敛半径与收敛区间：

(1) $\sum_{n=1}^{\infty} \frac{2^n}{n+1} x^n$.　　　　(2) $\sum_{n=1}^{\infty} \frac{(-1)^n}{\sqrt{n+1} \cdot 2^n} x^n$.

(3) $\sum_{n=1}^{\infty} n\left(\frac{x}{4}\right)^{2n}$.

第 6 章　向量代数与空间解析几何案例与练习*

内容提要

本章的内容主要有空间直角坐标系与向量代数，平面与空间直线和曲面与空间曲线.

空间直角坐标系与向量代数部分的基本内容：空间直角坐标系，点的坐标，两点间距离公式，向量概念，向量的运算，两向量的夹角，平行、垂直的条件.

平面与空间直线部分的基本内容：平面的点法式方程、一般方程，直线的对称式方程、参数方程、一般方程，平面与直线的位置关系的讨论.

曲面与空间曲线部分的基本内容：曲面方程的概念和一些常见的曲面及其方程，空间曲线的一般方程和参数方程，空间曲线在坐标面上的投影.

为了帮助大家更好地理解、掌握和应用这些内容，我们编写了下面的案例与练习.

微信扫码

- 案例分析
- 练习题
- 测试题

第7章　多元函数微分学及应用案例与练习

内容提要

本章的内容主要是多元函数、偏导数与全微分、偏导数的应用.

多元函数部分的基本内容：多元函数的定义，二元函数的几何表示，二元函数的极限与连续介绍，有界闭区域上连续函数的性质的叙述.

偏导数与全微分部分的基本内容：偏导数定义，高阶偏导数，混合偏导数与求导次序无关的条件，全微分及全微分存在定理的叙述，复合函数求偏导数(一阶)，隐函数求偏导数(一阶).

偏导数应用部分的基本内容：多元函数极值与求法，条件极值与拉格朗日乘数法.

为了帮助大家更好地理解、掌握和应用这些内容，我们编写了下面的案例与练习.

疑难解析

一、关于一元函数微分学与二元函数微分学基本概念的异同

1. 多元函数微分学的内容与一元函数微分学相互对应. 由于从一元到二元会产生一些新的问题，而从二元到多元往往是形式上的类推，因此以二元函数为代表进行讨论.

如果把自变量看成一点 P，那么对于一元函数，点 P 在区间上变化；对于二元函数 $f(x,y)$，点 $P(x,y)$将在一平面区域中变化. 因此，对一元、二元或多元函数都可以统一写成 $u=f(P)$，它称为点函数. 利用点函数，可以把一元和多元函数的极限和连续统一表示成

$$\lim_{P\to P_0} f(P)=A,\ \lim_{P\to P_0} f(P)=f(P_0).$$

2. 二元函数微分学与一元函数微分学相比，其根本区别在于自变量点 P 的变化从一维区间发展成二维区域. 在区间上 P 的变化只能有左右两个方向；对区域来说，点的变化则可以有无限多个方向，这是研究二元函数所产生的一切新问题的根源.

二、关于求多元函数的偏导数

求多元函数的偏导数的方法，实质上就是一元函数求导法. 例如，对 x 求偏导，就是把其余自变量都暂时看成常量，从而函数就变成是 x 的一元函数. 这时一元函数的所有求导公式和法则都适用.

三、关于多元复合函数求导

对于一些简单的情况，当然可以把它们先复合再求偏导数，但是当复合关系比较复杂时，先复合再求导往往繁杂易错. 如果复合关系中含有抽象函数，先复合的方法有时就行不

通. 这时,复合函数的求导公式便显示了其优越性. 由于函数复合关系可以多种多样,在使用求导公式时应仔细分析,灵活运用.

复合函数求偏导数注意3点:

(1) 搞清复合关系——画出复合关系图;

(2) 分清每步对哪个变量求导,固定了哪些变量;

(3) 对某个自变量求导,应注意要经过一切与该自变量有关的中间变量而最后归结到该自变量.

四、关于求实际问题中的最值

在实际问题中,需要解决的往往是求给定函数在特定区域中的最大值或最小值. 最大、最小值是全局性概念,而极值却是局部性概念,它们有区别也有联系. 如果连续函数的最大、最小值在区域内部取得,那么它一定就是此函数的极大、极小值. 又若函数在区域内可导,那么它一定在驻点处取得. 由于从实际问题建立的函数往往都是连续可导函数,而且最大(最小)值的存在性是显然的. 因此,求最大、最小值的步骤通常可简化为三步:

(1) 根据实际问题建立函数关系,确定定义域;

(2) 求驻点;

(3) 结合实际意义判定最大、最小值.

案例分析

【案例 7.1】(多元函数的偏导数与连续的关系)设函数

$$f(x,y)=\begin{cases}\dfrac{xy^2}{x^2+y^4}, & (x,y)\neq(0,0),\\ 0, & (x,y)=(0,0).\end{cases}$$

(1) 求$\left.\dfrac{\partial f}{\partial x}\right|_{(0,0)}$和$\left.\dfrac{\partial f}{\partial y}\right|_{(0,0)}$;(2) 问函数 $z=f(x,y)$在$(0,0)$处是否连续?

分析:(1) 点$(0,0)$是该函数的分界点,故求该点处的偏导数时,应该根据偏导数的定义来求;(2) 讨论函数 $z=f(x,y)$在$(0,0)$处是否连续可以首先选取不同的路径考查不连续.

解:(1) $$\left.\frac{\partial f}{\partial x}\right|_{(0,0)}=\lim_{\Delta x\to 0}\frac{f(0+\Delta x,0)-f(0,0)}{\Delta x}=\lim_{\Delta x\to 0}\frac{\dfrac{(\Delta x)\cdot 0^2}{(\Delta x)^2+0^4}-0}{\Delta x}=\lim_{\Delta x\to 0}0=0,$$

$$\left.\frac{\partial f}{\partial y}\right|_{(0,0)}=\lim_{\Delta y\to 0}\frac{f(0,0+\Delta y)-f(0,0)}{\Delta y}=\lim_{\Delta y\to 0}\frac{\dfrac{0\cdot(\Delta y)^2}{0^2+(\Delta y)^4}-0}{\Delta y}=\lim_{\Delta y\to 0}0=0.$$

(2) 当点(x,y)沿 $x=ky^2$ 趋于点$(0,0)$时,函数 $f(x,y)=\dfrac{ky^2\cdot y^2}{(ky^2)^2+y^4}=\dfrac{k}{1+k^2}$,这时极限值随 k 的不同而改变. 可见,$f(x,y)$在$(0,0)$点的极限不存在,所以 $f(x,y)$在$(0,0)$点不连续.

注意:二元函数 $f(x,y)$在点 $P_0(x_0,y_0)$处虽然偏导数存在,但是在 $P_0(x_0,y_0)$处并不一定连续,这与一元函数“可导必连续”的结论不同.

【案例 7.2】(人体表面积问题) 已知人体的表面积 $S(\mathrm{m}^2)$ 和他的身高 $H(\mathrm{cm})$ 与体重 $W(\mathrm{kg})$ 的经验公式为

$$S=0.007\,184W^{0.425}H^{0.725}.$$

当 $H=180\ \mathrm{cm}, W=70\ \mathrm{kg}$ 时，求$\frac{\partial S}{\partial W}$和$\frac{\partial S}{\partial H}$，并解释你的结论.

解： 因为$\frac{\partial S}{\partial W}=0.007\,184\times 0.425W^{-0.575}H^{0.725}=0.003\,053\,2W^{-0.575}H^{0.725}$,

$$\frac{\partial S}{\partial H}=0.007\,184\times 0.725W^{0.425}H^{-0.275}=0.005\,208\,4W^{0.425}H^{-0.275},$$

所以$\left.\frac{\partial S}{\partial W}\right|_{\substack{H=180\\W=70}}=0.011\,5$，$\left.\frac{\partial S}{\partial H}\right|_{\substack{H=180\\W=70}}=0.007\,6$.

这说明当 $H=180\ \mathrm{cm}, W=70\ \mathrm{kg}$ 时，影响人体表面积的变化，体重要比身高大一些.

【案例 7.3】(并联电阻的变化率问题) 阻值为 R_1, R_2 和 R_3 的电阻并联后的总阻值为 R，求当 $R_1=20\ \Omega, R_2=40\ \Omega, R_3=80\ \Omega$ 时，$\frac{\partial R}{\partial R_3}$的值.

解： 由题意得 $R=\frac{1}{R_1^{-1}+R_2^{-1}+R_3^{-1}}$，即$\frac{1}{R}=\frac{1}{R_1}+\frac{1}{R_2}+\frac{1}{R_3}$.

$\frac{\partial}{\partial R_3}\left(\frac{1}{R}\right)=\frac{\partial}{\partial R_3}\left(\frac{1}{R_1}+\frac{1}{R_2}+\frac{1}{R_3}\right)$，即$-\frac{1}{R^2}\frac{\partial R}{\partial R_3}=0+0-\frac{1}{R_3^2}$，所以$\frac{\partial R}{\partial R_3}=\left(\frac{R}{R_3}\right)^2$.

当 $R_1=20\ \Omega, R_2=40\ \Omega, R_3=80\ \Omega$ 时，$\frac{1}{R}=\frac{1}{20}+\frac{1}{40}+\frac{1}{80}=\frac{4+2+1}{80}=\frac{7}{80}$，$R=\frac{80}{7}\ \Omega$，即

$$\frac{\partial R}{\partial R_3}=\left(\frac{\frac{80}{7}}{80}\right)^2=\left(\frac{1}{7}\right)^2=\frac{1}{49}.$$

【案例 7.4】(并联可变电阻总电阻的调节问题) 有 n 个可变电阻并联成为一个总的可变电阻器，其中各个可变电阻的电阻值之间的大小关系为

$$R_1<R_2<\cdots<R_n.$$

现在用通过对各个电阻进行逐个调节的方法来达到对总电阻的调节，试问应通过怎样的调节次序从初调到微调，以达到较精确的调节目标？

解： $R=\frac{1}{R_1^{-1}+R_2^{-1}+\cdots R_n^{-1}}$，它关于各个自变量的变化率(偏导数)为

$$\frac{\partial R}{\partial R_k}=-\frac{1}{(R_1^{-1}+R_2^{-1}+\cdots R_n^{-1})^2}\cdot\left(-\frac{1}{R_k^2}\right)=\left(\frac{R}{R_k}\right)^2, k=1,2,\cdots,n.$$

由于 $R_1<R_2<\cdots<R_n$，故得到 $\frac{\partial R}{\partial R_1}>\frac{\partial R}{\partial R_2}>\cdots>\frac{\partial R}{\partial R_n}>0$.

易知，调节 R_1 可望对总电阻 R 值产生的影响最大，然后依次调节 $R_2, R_3, \cdots, R_n$ 会对总电阻值的影响越来越小.

所以应该通过先调节 R_1，再调节 R_2，…，最后调节 R_n 的次序，来对各个电阻进行逐个调节，可以从初调到微调达到将总电阻调节到较精确的目标.

【案例 7.5】(全微分与高阶偏导数问题) 设 $z=(x^2+y^2)\mathrm{e}^{-\arctan\frac{y}{x}}$，求(1) $\mathrm{d}z$；(2) $\frac{\partial^2 z}{\partial x\partial y}$.

分析： (1) 先求偏导数，再代入全微分公式 $\mathrm{d}z=\frac{\partial z}{\partial x}\mathrm{d}x+\frac{\partial z}{\partial y}\mathrm{d}y$；(2) 求二元函数的这个混

合偏导数$\frac{\partial^2 z}{\partial x\partial y}$，应先求出关于 x 的一阶偏导数$\frac{\partial z}{\partial x}$，再对$\frac{\partial z}{\partial x}$求关于 y 的偏导数即可.

解：因为$\frac{\partial z}{\partial x}=2x\mathrm{e}^{-\arctan\frac{y}{x}}-(x^2+y^2)\mathrm{e}^{-\arctan\frac{y}{x}}\cdot\frac{x^2}{x^2+y^2}\left(-\frac{y}{x^2}\right)=(2x+y)\mathrm{e}^{-\arctan\frac{y}{x}}$，

$\frac{\partial z}{\partial y}=2y\mathrm{e}^{-\arctan\frac{y}{x}}-(x^2+y^2)\mathrm{e}^{-\arctan\frac{y}{x}}\cdot\frac{x^2}{x^2+y^2}\cdot\frac{1}{x}=(2y-x)\mathrm{e}^{-\arctan\frac{y}{x}}$，

所以 $\mathrm{d}z=\frac{\partial z}{\partial x}\mathrm{d}x+\frac{\partial z}{\partial y}\mathrm{d}y=\mathrm{e}^{-\arctan\frac{y}{x}}[(2x+y)\mathrm{d}x+(2y-x)\mathrm{d}y]$.

(2) $\frac{\partial^2 z}{\partial x\partial y}=\frac{\partial}{\partial y}\left(\frac{\partial z}{\partial x}\right)=\frac{\partial}{\partial y}[(2x+y)\mathrm{e}^{-\arctan\frac{y}{x}}]$

$=\mathrm{e}^{-\arctan\frac{y}{x}}-(2x+y)\mathrm{e}^{-\arctan\frac{y}{x}}\cdot\frac{x^2}{x^2+y^2}\cdot\frac{1}{x}$

$=\frac{y^2-xy-x^2}{x^2+y^2}\mathrm{e}^{-\arctan\frac{y}{x}}$.

【案例 7.6】(铁罐制作材料问题)一个圆柱形的铁罐，内半径为 5 cm，内高为 12 cm，壁厚均为 0.2 cm，估计制作这个铁罐所需材料的体积大约是多少(包括上、下底)？

解：$V=\pi r^2 h$，它所需材料的体积为

$$\Delta V=\pi(r+\Delta r)^2(h+\Delta h)-\pi r^2 h.$$

因为 $\Delta r=0.2$ cm，$\Delta h=0.4$ cm 都比较小，所以可用全微分近似代替全增量，即

$$\Delta V\approx \mathrm{d}V=\frac{\partial V}{\partial r}\mathrm{d}r+\frac{\partial V}{\partial h}\mathrm{d}h=2\pi rh\mathrm{d}r+\pi r^2\mathrm{d}h=\pi r(2h\mathrm{d}r+r\mathrm{d}h).$$

所以$\Delta V\big|_{r=5,h=12\quad \Delta r=0.2,\Delta h=0.4}\approx 5\pi(24\times 0.2+5\times 0.4)=34\pi\approx 106.8\ \mathrm{cm}^3$.

故所需材料的体积大约为 $106.8\ \mathrm{cm}^3$.

【案例 7.7】(最值问题)求 $f(x,y)=x^2-y^2+2$ 在椭圆域 $D=\{(x,y)\mid x^2+\frac{y^2}{4}\leqslant 1\}$ 上的最大值和最小值.

分析：先求开区域内的极值，再求区域边界上的极值，从中选取最值.

解：令$\begin{cases}f'_x(x,y)=2x=0,\\ f'_y(x,y)=-2y=0,\end{cases}$求得 $f(x,y)=x^2-y^2+2$ 在开区域 $x^2+\frac{y^2}{4}<1$ 内的唯一驻点为$(0,0)$.

而在椭圆 $x^2+\frac{y^2}{4}=1$ 上，$f(x,y)=x^2-(4-4x^2)+2=5x^2-2$，$-1\leqslant x\leqslant 1$.

求得在椭圆域 D 上可能的最值 $f(\pm 1,0)=3$，$f(0,\pm 2)=-2$，又由于 $f(0,0)=2$，所以 $f(x,y)$在椭圆域 D 上的最大值为 3，最小值为-2.

【案例 7.8】(工业用水问题)在化工厂的生产过程中，反应罐内液体化工原料排出后，在罐壁上留有 a kg 含有该化工原料浓度 c_0 的残液，现在用 b kg 清水去清洗，拟分三次进行. 每次清洗后总还在罐壁上留有 a kg 含该化工原料的残液，但浓度由 c_0 变为 c_1，再变为 c_2，最后变为 c_3，试问应该如何分配三次的用水量，使最终浓度 c_3 为最小？

解：设三次的用水量分别为 x kg，y kg，z kg，则第一次清洗后残液浓度为 $c_1=\frac{ac_0}{a+x}$，第三次清洗后残液浓度为 $c_2=\frac{ac_1}{a+y}=\frac{a^2c_0}{(a+x)(a+y)}$，第三次清洗后残液浓度为 $c_3=\frac{ac_2}{a+z}$

$=\dfrac{a^3c_0}{(a+x)(a+y)(a+z)}$.

问题变成了求目标函数 $c_3=\dfrac{a^3c_0}{(a+x)(a+y)(a+z)}$ 在约束条件 $x+y+z=b$ 下的最小值. 为了方便运算,可将它化为求目标函数 $u=(a+x)(a+y)(a+z)$ 在约束条件 $x+y+z=b$ 下的最大值问题.

设拉格朗日函数 $L=(a+x)(a+y)(a+z)+\lambda(x+y+z-b)$.

令 $\dfrac{\partial L}{\partial x}=0,\dfrac{\partial L}{\partial y}=0,\dfrac{\partial L}{\partial z}=0,\dfrac{\partial L}{\partial \lambda}=0$,得

$$\begin{cases}(a+y)(a+z)+\lambda=0,\\(a+x)(a+z)+\lambda=0,\\(a+x)(a+y)+\lambda=0,\\x+y+z-b=0.\end{cases}$$

解得 $x=y=z=\dfrac{b}{3}$,即当三次用水量相等时,有最好的洗涤效果,此时

$$(c_3)_{\min}=\frac{c_0}{\left(1+\dfrac{b}{3a}\right)^3}.$$

注:此案例可用于生活用水问题,例如洗衣淘米问题.

【案例 7.9】(转运站问题)在 A 地有一种产品,希望通过公路段 AP、铁路段 PQ 及公路段 QB,以最短的时间运到 B 地. 已知:A 到铁路线的垂直距离为 $AA'=a$,B 到铁路线的垂直距离为 $BB'=b$,$A'B'=L\left(L>\dfrac{a+b}{\sqrt{3}}\right)$(图 7.1),铁路运输速度是公路运输速度的两倍,求转运站 P 及 Q 的最佳位置(使总的运输时间 T 取得最小值,暂不考虑转运时装卸所需要的时间).

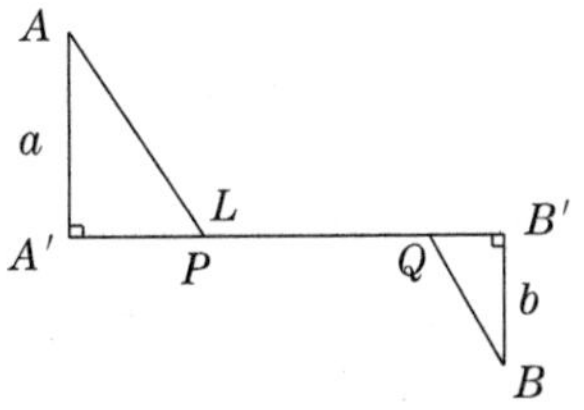

图 7.1

解:设公路运输和铁路运输的速度分别为 v 和 $2v$,以 $x=A'P$,$y=QB'$ 为自变量,建立目标函数

$$T(x,y)=\frac{1}{v}\left(\sqrt{x^2+a^2}+\sqrt{y^2+b^2}\right)+\frac{1}{2v}(L-x-y),$$

其定义域为 $D=\{(x,y)\mid x\geqslant0,y\geqslant0,x+y<L\}$. 函数 $T(x,y)$ 在 D 上可微,且有

$$\frac{\partial T}{\partial x}=\frac{1}{v}\left(\frac{x}{\sqrt{x^2+a^2}}-\frac{1}{2}\right),\frac{\partial T}{\partial y}=\frac{1}{v}\left(\frac{y}{\sqrt{y^2+b^2}}-\frac{1}{2}\right).$$

令 $\dfrac{\partial T}{\partial x}=0,\dfrac{\partial T}{\partial y}=0$,可得到目标函数在定义域上的唯一驻点 $(x,y)=\left(\dfrac{a}{\sqrt{3}},\dfrac{b}{\sqrt{3}}\right)$.

显然目标函数 $T(x,y)$ 在 D 上可微,且在定义域上有唯一驻点,根据实际意义可知最佳转运站的位置确实存在,所以与 $(x,y)=\left(\dfrac{a}{\sqrt{3}},\dfrac{b}{\sqrt{3}}\right)$ 相对应的点 P,Q 就是最佳转运站的位置,此时对应地有 $A'P=\dfrac{a}{\sqrt{3}},B'Q=\dfrac{b}{\sqrt{3}}$.

注:当然,这里还要满足 $T_{\min}=\frac{1}{\sqrt{3}v}(a+b)+\frac{1}{2v}\left(L-\frac{a+b}{\sqrt{3}}\right)<\frac{1}{v}\sqrt{L^2+(b-a)^2}$ 的条件,否则 AB 之间直接通过公路运输更省时省力.

【案例 7.10】(最大过水面积问题)将一宽为 L cm 的长方形铁皮的两边折起,做成一个断面为等腰梯形的水槽(图 7.2),求此水槽的最大过水面积(断面等腰梯形的面积).

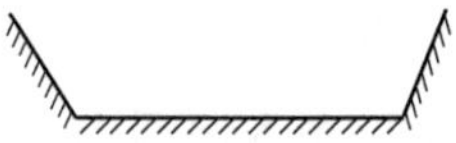

图 7.2

解:设两边各折起 x cm,等腰梯形的腰与上底边的夹角为 θ,则该等腰梯形的上底、下底和高分别为 $L-2x$,$L-2x+2x\cos\theta$,$x\sin\theta$.

于是得到目标函数

$$S(x,\theta)=\frac{1}{2}[(L-2x)+(L-2x+2x\cos\theta)]x\sin\theta=(L-2x+x\cos\theta)x\sin\theta.$$

它在定义域为 $D=\{(x,\theta)\mid 0<x<\frac{L}{2},0<\theta<\pi\}$ 内可微,且有

$$\frac{\partial S}{\partial x}=(L-4x+2x\cos\theta)\sin\theta,\frac{\partial S}{\partial\theta}=Lx\cos\theta+x^2(\cos^2\theta-\sin^2\theta-2\cos\theta).$$

令 $\frac{\partial S}{\partial x}=0,\frac{\partial S}{\partial\theta}=0$,可得

$$2x(2-\cos\theta)=L,x(1+2\cos\theta-2\cos^2\theta)=L\cos\theta.$$

解之得目标函数在定义域内的唯一驻点是 $(x,\theta)=\left(\frac{L}{3},\frac{\pi}{3}\right)$.

根据该问题的实际意义可知,最大过水面积一定存在,所以上述驻点就是所求的最大值点,此时 $S_{\max}=\frac{\sqrt{3}}{12}L^2$.

练习题 7.1

一、填空题(每小题4分,共20分)

1. 函数 $z=\ln x^2y$ 的定义域为________.

2. 若 $f(x,y)=\dfrac{x^2+y^2}{3xy}$,则 $f\left(1,\dfrac{y}{x}\right)=$________.

3. 设 $z=x^y$,则 $\dfrac{\partial z}{\partial x}=$________.

4. 设 $z=x\ln(x+y)$,则 $\dfrac{\partial^2 z}{\partial y^2}=$________.

5. 设 $z=x\cos y$,则 $dz=$________.

二、单选题(每小题4分,共20分)

1. 函数 $z=\dfrac{\ln(x^2+y^2-1)}{\sqrt{9-x^2-y^2}}$ 的定义域为(　　).

A. $x^2+y^2>1$　　B. $x^2+y^2<9$

C. $1<x^2+y^2\leqslant 9$　　D. $1<x^2+y^2<9$

2. 设 $f(x,y)=x^2-y$,则 $f(xy,x+y)=$(　　).

A. x^2-x-y　　B. x^2y^2-x-y　　C. $x+y-x^2y^2$　　D. $(x+y)^2-xy$

3. 设二元函数 $z=f(x,y)$ 的一阶、二阶偏导数存在,那么当(　　)时,$\dfrac{\partial^2 z}{\partial x\partial y}=\dfrac{\partial^2 z}{\partial y\partial x}$.

A. $z=f(x,y)$ 连续　　B. $z=f(x,y)$ 可微

C. $\dfrac{\partial z}{\partial x}$ 和 $\dfrac{\partial z}{\partial y}$ 连续　　D. $\dfrac{\partial^2 z}{\partial x\partial y}$ 和 $\dfrac{\partial^2 z}{\partial y\partial x}$ 连续

4. 若函数 $z=\dfrac{x^2}{y}$,则 $\dfrac{\partial^2 z}{\partial y\partial x}=$(　　).

A. $\dfrac{2x}{y}$　　B. x^2　　C. $2x$　　D. $-\dfrac{2x}{y^2}$

5. 函数 $z=x^2y^2$,当 $x=1,y=1,\Delta x=0.2,\Delta y=-0.1$ 时的全微分为(　　).

A. 0.20　　B. −0.20　　C. −0.166 4　　D. 0.166 4

三、计算题(每小题10分,共40分)

1. 求下列函数的定义域:

(1) $z=\dfrac{1}{\sqrt{x-y}}+\dfrac{1}{x}$.　　(2) $z=\dfrac{\arcsin x}{\sqrt{y}}$.

2. 求下列函数的偏导数：

(1) $z=\dfrac{xe^y}{y^2}$.　　(2) $u=xy^2+yz^2+zx^2$.

3. 设 $f(x,y)=e^{-\sin x}(x+2y)$，求 $f_x(0,1)$，$f_y(0,1)$.

4. 设 $z=x\ln(x+y)$，求 $\left.\dfrac{\partial^2 z}{\partial x^2}\right|_{\substack{x=1\\y=2}}$，$\left.\dfrac{\partial^2 z}{\partial y^2}\right|_{\substack{x=1\\y=2}}$，$\left.\dfrac{\partial^2 z}{\partial x\partial y}\right|_{\substack{x=1\\y=2}}$.

四、应用题(每小题 10 分，共 20 分)

1. 设圆锥的高为 h，母线长为 l，试将圆锥的体积 V 表示为 h，l 的二元函数.

2. 已知长为 8 m，宽为 6 m 的矩形，当长增加 5 cm，宽减少 10 cm 时，问该矩形的对角线的近似变化怎样？

练习题 7.2

一、填空题(每小题 4 分,共 20 分)

1. 设函数 $z=e^{x+y^2}$,则 $\left.\dfrac{\partial z}{\partial y}\right|_{\substack{x=0\\y=1}}=$________.

2. 设 $z=e^{x^2+y}$,则 $\dfrac{\partial^2 z}{\partial x^2}=$________.

3. 设函数 $f(x,y)=2x^2+ax+xy^2+2y$ 在点 $(1,-1)$ 取得极值,则常数 $a=$________.

4. 函数 $f(x,y)=x^3+y^3+xy$ 在________点取得极________值为________.

5. 用拉格朗日乘数法求在条件 $x+y+z=a$ 下函数 $f(x,y,z)=xyz$ 的极值时,所选用的拉格朗日函数 $F(x,y,z,\lambda)=$________.

二、单选题(每小题 4 分,共 20 分)

1. 设 $z=uv,x=u+v,y=u-v$,若把 z 看作 x,y 的函数,则 $\dfrac{\partial z}{\partial x}=$(　　).

A. $2x$　　B. $\dfrac{1}{2}(x-y)$　　C. $\dfrac{1}{2}x$　　D. x

2. 以下结论正确的是(　　).

A. 函数 $f(x,y)$ 在 (x_0,y_0) 达到极值,则必有 $f'_x(x_0,y_0)=0,f'_y(x_0,y_0)=0$

B. 可微函数 $f(x,y)$ 在 (x_0,y_0) 达到极值,则必有 $f'_x(x_0,y_0)=0,f'_y(x_0,y_0)=0$

C. 若 $f'_x(x_0,y_0)=0,f'_y(x_0,y_0)=0$,则 $f(x,y)$ 在 (x_0,y_0) 达到极值

D. 若 $f'_x(x_0,y_0)=0,f'_y(x_0,y_0)$ 不存在,则 $f(x,y)$ 在 (x_0,y_0) 达到极值

3. 函数 $f(x,y)=x^3-y^3+3x^2+3y^2-9x$ 的极大值点是(　　).

A. $(1,0)$　　B. $(1,2)$　　C. $(-3,0)$　　D. $(-3,2)$

4. 设函数 $z=xy$,则点 $(0,0)$(　　).

A. 不是驻点　　B. 是驻点却非极值点

C. 是极大值点　　D. 是极小值点

5. 若 $f'_x(x_0,y_0)=0,f'_y(x_0,y_0)=0$,则函数 $f(x,y)$ 在 (x_0,y_0) 处(　　).

A. 连续　　B. 必有极限　　C. 可能有极限　　D. 全微分 $dz=0$

三、计算题(每小题 10 分,共 40 分)

1. 设 $z=\dfrac{y}{x}$,且 $x=e^t,y=1-e^{2t}$,求 $\dfrac{dz}{dt}$.

2. 设 $z=u^2\ln v, u=\frac{x}{y}, v=2x-3y$,求$\frac{\partial z}{\partial x}, \frac{\partial z}{\partial y}$.

3. 设函数 $z=f(x,y)$由方程 $xyz^3-\cos(xyz)=1$ 确定,求$\frac{\partial z}{\partial x}, \frac{\partial z}{\partial y}$.

4. 求函数 $z=x^2-6x-y^3+12y-1$ 的极值.

四、应用题(每小题 10 分,共 20 分)

1. 建造一个容积为 18 m^3 的长方体无盖水池,已知侧面单位造价为底面单位造价的$\frac{3}{4}$,问如何选择尺寸才能使造价最低?

2. 要制作一个容积 V 为的圆桶(无盖),问如何取它的底半径和高,才能使材料最省?

测试题 7

一、填空题(每小题 4 分,共 20 分)

1. 由方程 $x+2xyz+2z^2=1$ 确定的函数 $z=f(x,y)$,则 $\frac{\partial z}{\partial x}=$________________.

2. $z=\ln(1+\sqrt{y-x^2})+\arcsin(x^2+y^2)$ 的定义域是________________.

3. 设 $f(x,y)=x+y-\sqrt{x^2+y^2}$,则 $f_x(3,4)=$________________.

4. 点(1,0)是 $f(x,y)=x^2-2x+y^2+9$ 的极____________值点.

5. 设 $z=\mathrm{e}^{xy^2}$,则 $\mathrm{d}z|_{\substack{x=1\\y=2}}=$________________.

二、单选题(每小题 4 分,共 20 分)

1. 设 $f(x,y)=x^2-y$,则 $f(xy,x+y)=($　　$)$.

   A. x^2-x-y　　B. x^2y^2-x-y　　C. $x+y-x^2y^2$　　D. $(x+y)^2-xy$

2. 设 $z=\ln(xy)$,则 $\mathrm{d}z=($　　$)$.

   A. $\frac{1}{y}\mathrm{d}x+\frac{1}{x}\mathrm{d}y$　　B. $\frac{1}{xy}\mathrm{d}x+\frac{1}{xy}\mathrm{d}y$　　C. $\frac{1}{x}\mathrm{d}x+\frac{1}{y}\mathrm{d}y$　　D. $x\mathrm{d}x+y\mathrm{d}y$

3. 若 $z=f(x,y)$在(x_0,y_0)处存在偏导数.则下列说法正确的是(　　).

   A. $z=f(x,y)$在(x_0,y_0)处连续

   B. $z=f(x,y)$在(x_0,y_0)处可微

   C. 若(x_0,y_0)是 $f(x,y)$的驻点,则一定是 $f(x,y)$的极值点

   D. 若(x_0,y_0)是 $z=f(x,y)$的极值点,则必有 $f'_x(x_0,y_0)=f'_y(x_0,y_0)=0$

4. 已知 $z=\ln u,u=\sqrt{x}+\sqrt{y}$,则 $x\frac{\partial z}{\partial x}+y\frac{\partial z}{\partial y}=($　　$)$.

   A. $\frac{1}{2}$　　B. $\sqrt{x}+\sqrt{y}$　　C. 1　　D. $\frac{x+y}{\sqrt{x}+\sqrt{y}}$

5. 函数 $f(x,y)=(6x-x^2)(4y-y^2)$的极大值点是(　　).

   A. (0,0)　　B. (0,6)　　C. (3,4)　　D. (3,2)

三、计算题(每小题 6 分,共 30 分)

1. 设 $z=\ln(x+\sqrt{x^2+xy})$,求 $\left.\frac{\partial z}{\partial x}\right|_{\substack{x=1\\y=0}},\left.\frac{\partial z}{\partial y}\right|_{\substack{x=1\\y=0}}$.

2. 设 $z=(1-3y)^x$，求 $\mathrm{d}z$.

3. 设 $z=f\left(x^2-y^2,\dfrac{y}{x}\right)$，其中 f 是可微函数，求$\dfrac{\partial z}{\partial x},\dfrac{\partial z}{\partial y}$.

4. 设 $z=\mathrm{e}^{x^2-2y}$，$x=\sin 2t$，$y=t^3$，求$\dfrac{\mathrm{d}z}{\mathrm{d}t}$.

5. 设 $z=f(x,y)$由方程 $\sin(x+2z)=xyz$ 确定，求$\dfrac{\partial z}{\partial x},\dfrac{\partial z}{\partial y}$.

四、应用题(每小题 10 分,共 30 分)

1. 求内接于半径为 R 的球面,且具有最大体积的长方体.

2. 将一段长为 2 m 的铁丝折成一个矩形,则矩形的长、宽分别为多少时,围成的矩形面积最大?

3. 在平面 $2x-y+z=2$ 上求一点,使该点到原点和 $(-1,0,2)$ 的距离平方和最小.

第 8 章　多元函数积分学及应用案例与练习

内容提要

本章的内容主要是二重积分以及二重积分的应用.

二重积分部分的基本内容:二重积分的定义、几何意义、性质及计算(直角坐标下和极坐标下).

二重积分应用部分的基本内容:立体体积,曲面的面积,质量与质心.

为了帮助大家更好地理解、掌握和应用这些内容,我们编写了下面的案例与练习.

疑难解析

二重积分的概念是由一元函数定积分的概念推广而来,因此无论从概念还是计算,它们之间都有紧密联系,但同时也有很多不同之处. 在计算上,是将二重积分最终化为一元函数定积分计算,因此必须学会如何将二重积分转化为累次积分.

一、关于坐标系的选择

在二重积分的计算中,适当的选择坐标系至关重要,通常来说,当积分区间为圆域如 $x^2+y^2\leqslant R^2$, $x^2+y^2\leqslant ax(a>0)$, $x^2+y^2\leqslant by(b>0)$,以及被积函数呈现 $f(x^2+y^2)$ 等形式时,采用极坐标比较好,其他情况相对来说用直角坐标较好.

一般情况下,计算二重积分分为三个步骤:

(1) 画出积分区域 D 的图形,求出曲线的交点;

(2) 确定积分限,化二重积分为二次积分;

(3) 计算二次积分.

二、关于直角坐标系下的二重积分的计算

在直角坐标系中,将二重积分化为累次积分,因积分次序选择不同,有两种化为累次积分的方法.

1. 如果先对 y 积分,后对 x 积分,则先将区域 D 投影到 x 轴上,得到闭区间 $a\leqslant x\leqslant b$, a,b 就是对 x 积分的下限和上限,在区间 $[a,b]$ 上任取一个值 x,过点 $(x,0)$ 做平行于 y 轴的直线,交区域 D 的边界曲线于两点 $(x,y_1(x))$, $(x,y_2(x))$,假设 $y\in[y_2(x),y_1(x)]$ 对 $[a,b]$ 中的任意一 x 都成立,则 $y_1(x)$, $y_2(x)$ 就是对 y 积分的上限与下限,平面区域为 $D\{(x,y)\mid(a\leqslant x\leqslant b,y_2(x)\leqslant x\leqslant y_1(x)\}$(如图 8.1),则二重积分化为累次积分为

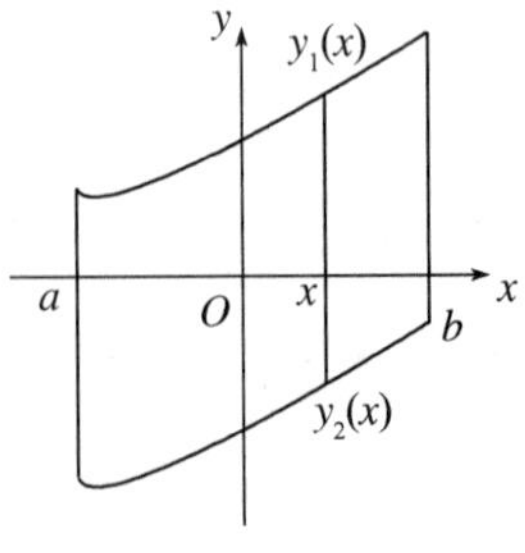

图 8.1

$$\iint_D f(x,y)\mathrm{d}x\mathrm{d}y=\int_a^b\mathrm{d}x\int_{y_2(x)}^{y_1(x)}\iint_D f(x,y)\mathrm{d}y$$

2. 如果先对 x 积分，后对 y 积分，则先将区域 D 投影到 y 轴上，得到闭区间 $c\leqslant x\leqslant d$，c，d 就是对 y 积分的下限和上限，在区间 $[c,d]$ 上任取一个值 y，过点 $(0,y)$ 做平行于 x 轴的直线，交区域 D 的边界曲线于两点 $(x_1(y),y)$，$(x_2(y),y)$，假设 $x\in[x_2(y),x_1(y)]$ 对 $[c,d]$ 中的任意一 y 都成立，则 $x_1(y)$，$x_2(y)$ 就是对 x 积分的上限与下限，平面区域为 $D\{(x,y)\mid(c\leqslant y\leqslant d,x_2(y)\leqslant y\leqslant x_1(y)\}$（如图 8.2)，二重积分化为累次积分为

$$\iint_D f(x,y)\mathrm{d}x\mathrm{d}y=\int_c^d\mathrm{d}y\int_{x_2(y)}^{x_1(y)}\iint_D f(x,y)\mathrm{d}x$$

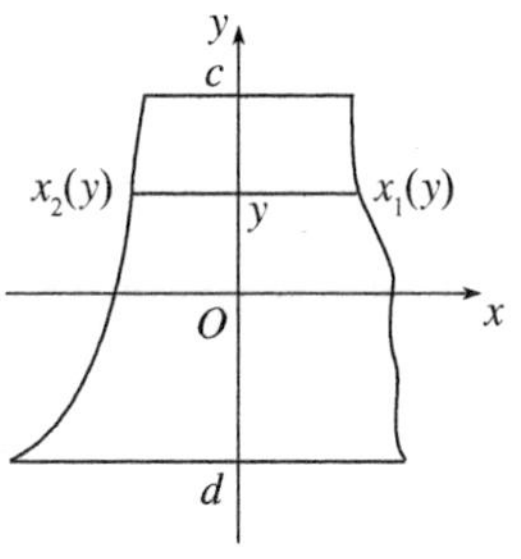

图 8.2

说明：积分次序选择不同，难易程度也有所不同，甚至积分难以积出；如 $\int_0^1\mathrm{d}x\int_x^{\sqrt{x}}\frac{\sin y}{y}\mathrm{d}y$，按现在的积分次序积分无法积出，因为 $\frac{\sin y}{y}$ 的原函数不是初等函数，但是被积函数 $f(x,y)=\frac{\sin y}{y}$ 在 D 上即 $0\leqslant x\leqslant 1$，$x\leqslant y\leqslant\sqrt{x}$ 上是连续的，积分肯定存在，这就要改变积分次序来计算，作区域 D（如图 8.3)，以先对 x 积分后对 y 积分次序得到积分区域

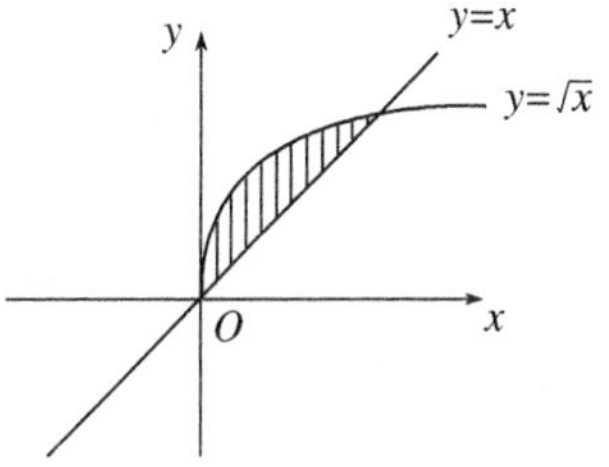

图 8.3

$D=\{(x,y);0\leqslant y\leqslant 1,y^2\leqslant x\leqslant y\}$，则

$$\int_0^1\mathrm{d}x\int_x^{\sqrt{x}}\frac{\sin y}{y}\mathrm{d}y=\int_0^1\mathrm{d}y\int_{y^2}^{y}\frac{\sin y}{y}\mathrm{d}x=\int_0^1\frac{\sin y}{y}(y-y^2)\mathrm{d}y=\int_0^1\sin y(1-y)\mathrm{d}y$$

$$=\int_0^1\sin y\mathrm{d}y-\int_0^1 y\sin y\mathrm{d}y=[-\cos y+(y\cos y-\sin y)]\Big|_0^1$$

$$=(-\cos 1+\cos 1-\sin 1)-(-1)=1-\sin 1.$$

三、关于极坐标系下的二重积分的计算

在一些情况下，根据积分区域和被积函数的特点，采用极坐标计算二重积分会变得简单，直角坐标与极坐标的关系为

$$x=r\cos\theta,y=r\sin\theta,r\in[0,+\infty),\theta\in[0,2\pi]$$

极坐标系下的二重积分　$\iint_D f(x,y)\mathrm{d}x\mathrm{d}y=\iint_D f(r\cos\theta,r\sin\theta)r\mathrm{d}r\mathrm{d}\theta$

其中极坐标系下的面积元素为　　$\mathrm{d}\sigma=r\mathrm{d}r\mathrm{d}\theta$

用极坐标计算二重积分时，类似于直角坐标系，也要确定积分次序及确定积分限的问题，但在极坐标系中，一般先对 r 积分后对 θ 积分，反之情况很少，将二重积分化为累次积分，依照以下步骤：

① 面积元素 $\mathrm{d}\sigma$ 替换成 $r\mathrm{d}r\mathrm{d}\theta$；

② 将被积函数 $f(x,y)$ 用 $f(r\cos\theta,r\sin\theta)$ 替换；

③ 确定累次积分的上下限.

确定上下限的方法，类似于直角坐标系，通常过极点作两条射线 $\theta=\theta_1$，$\theta=\theta_2$，即域 D 尽

边上的两条射线将边界曲线分成两部分 $r=r_1(\theta)$，$r=r_2(\theta)$，假设 $r_1(\theta)\leqslant r_2(\theta)$，先对 r 积分是，在$[\theta_1,\theta_2]$上任取一固定的 θ，对应 θ 作射线，交边界线于$(r_1(\theta),\theta)$，$(r_2(\theta),\theta)$，先对 r 积分，其下限 $r_1(\theta)$ 和上限 $r_2(\theta)$，则积分区域为

$$D=\{(r,\theta);\theta_1\leqslant\theta\leqslant\theta_2,r_1(\theta)\leqslant r\leqslant r_2(\theta)\}$$

特殊地，当边界曲线经过或包围极点时，对 r 积分由 0 到 $r(\theta)$.

四、关于二重积分区域的对称性

设 $f(x,y)$是在有界的闭区域 D 上为连续函数，D 可以分为两个子域 D_1 与 D_2.

1. D_1 与 D_2 关于 y 轴对称的区域，则

$$\iint_D f(x,y)\mathrm{d}x\mathrm{d}y=\begin{cases}2\iint_{D_1} f(x,y)\mathrm{d}x\mathrm{d}y, & f(x,y)\text{ 为关于 } x \text{ 的偶函数}\\ 0, & f(x,y)\text{ 为关于 } x \text{ 的奇函数}\end{cases}.$$

2. D_1 与 D_2 关于 x 轴对称的区域，则

$$\iint_D f(x,y)\mathrm{d}x\mathrm{d}y=\begin{cases}2\iint_{D_1} f(x,y)\mathrm{d}x\mathrm{d}y, & f(x,y)\text{ 为关于 } y \text{ 的偶函数}\\ 0, & f(x,y)\text{ 为关于 } y \text{ 的奇函数}\end{cases}.$$

案例分析

【案例 8.1】(判断二重积分的符号)判断二重积分$\iint_D \ln(x^2+y^2)\mathrm{d}\sigma$的正负号，其中$D$是由$x$ 轴与直线 $x=\dfrac{1}{2}$，$x+y=1$ 所围成的区域.

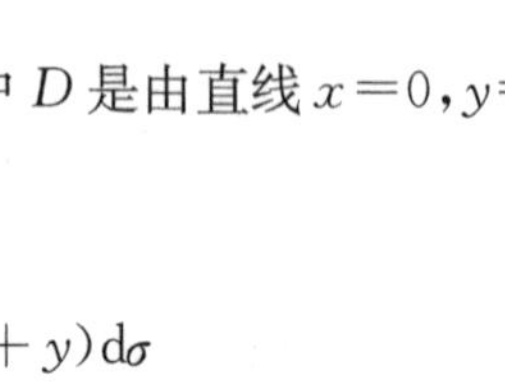

图 8.4

解：画出积分区域 D 的图形，如图 8.4 所示.

因为 D 上除了点$(1,0)$以外均有 $x^2+y^2<1$，所以被积函数 $f(x,y)=\ln(x^2+y^2)<0$.

由二重积分的几何意义可知$\iint_D \ln(x^2+y^2)\mathrm{d}\sigma<0$.

【案例 8.2】(比较二重积分大小)比较下列二重积分的大小，其中 D 是由直线 $x=0$，$y=0$，$x+y=\dfrac{1}{2}$和 $x+y=1$ 所围成的区域.

$$I_1=\iint_D \ln(x+y)\mathrm{d}\sigma,I_2=\iint_D (x+y)^2\mathrm{d}\sigma,I_3=\iint_D (x+y)\mathrm{d}\sigma$$

解：因为 D 在直线 $x+y=1$ 的下方，直线 $x+y=\dfrac{1}{2}$的上方，所以$\forall(x,y)\in D$，均有$\dfrac{1}{2}\leqslant x+y\leqslant 1$，从而有 $x+y\geqslant(x+y)^2>0$，且 $\ln(x+y)\leqslant 0$，故由二重积分的性质得到 $I_1\leqslant I_2\leqslant I_3$.

【案例 8.3】(估计二重积分的值)估计二重积分 $I=\iint_D (x^2+y^2+1)\mathrm{d}\sigma$ 的值，其中

$$D=\{(x,y)\mid 1\leqslant x^2+y^2\leqslant 2\}.$$

解:因为 $f(x,y)=x^2+y^2+1$ 在 D 上最大值为 3,最小值为 2,且圆环 D 的面积为 $\sigma=(2^2-1^2)\pi=3\pi$,所以 $6\pi=2\sigma\leqslant I\leqslant 3\sigma=9\pi$.

【案例 8.4】(交换二重积分的次序)(1) 通过交换积分次序计算二重积分 $\int_1^3 dx\int_{x-1}^2 \sin y^2 dy$;(2) 交换二重积分 $\int_0^1 dx\int_1^{x+1} f(x,y)dy+\int_1^2 dx\int_x^2 f(x,y)dy$ 的积分次序.

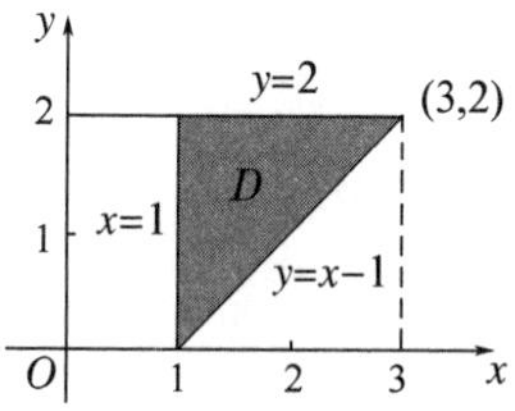

图 8.5

解:(1) 因为 $\sin y^2$ 对 y 积分原函数不是初等函数,所以应交换积分次序,化成先对 x 积分,后对 y 积分,此时 D 为 Y 型区域,$D=\{(x,y)\mid 1\leqslant x\leqslant 1+y,0\leqslant y\leqslant 2\}$,如图 8.5 所示,所以 $\int_1^3 dx\int_{x-1}^2 \sin y^2 dy=\int_0^2 dy\int_1^{y+1}\sin y^2 dy=\int_0^2 y\sin y^2 dy=-\frac{1}{2}\cos y^2\Big|_0^2=\frac{1}{2}(1-\cos 4)$.

(2) 根据题意知,这个积分可以看作区域 $D=D_1\cup D_2$,其中

$D_1=\{(x,y)\mid 1\leqslant y\leqslant x+1,0\leqslant x\leqslant 1\}$,$D_2=\{(x,y)\mid x\leqslant y\leqslant 2,1\leqslant x\leqslant 2\}$,

$D=D_1\cup D_2=\{(x,y)\mid y-1\leqslant x\leqslant y,1\leqslant y\leqslant 2\}$.

画出区域 D,如图 8.6 所示,化为先对 x,后对 y 的二次积分,即

$$\int_0^1 dx\int_1^{x+1} f(x,y)dy+\int_1^2 dx\int_x^2 f(x,y)dy=\int_1^2 dy\int_{y-1}^y f(x,y)dx.$$

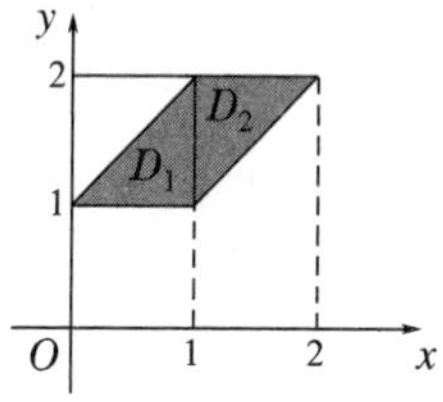

图 8.6

【案例 8.5】(利用对称性和奇偶性化简二重积分的计算)计算下列二重积分:

(1) $\iint\limits_D y\,dxdy$,其中 D 是由圆 $\left(x-\frac{1}{2}\right)^2+y^2=\frac{1}{4}$ 和圆 $x^2+y^2=2x$ 所围成的区域;

(2) $\iint\limits_D (x+|y|)dxdy$,其中 D 是由 $|x|+|y|\leqslant 1$ 所围成的区域.

解:(1) 对区域 D 作图,如图 8.7 所示,显然,积分区域关于 x 轴对称,只需看被积函数关于 y 是否为奇函数或偶函数.

由 $f(x,-y)=-f(x,y)$ 知被积函数关于 y 为奇函数,所以 $\iint\limits_D y\,dxdy=0$.

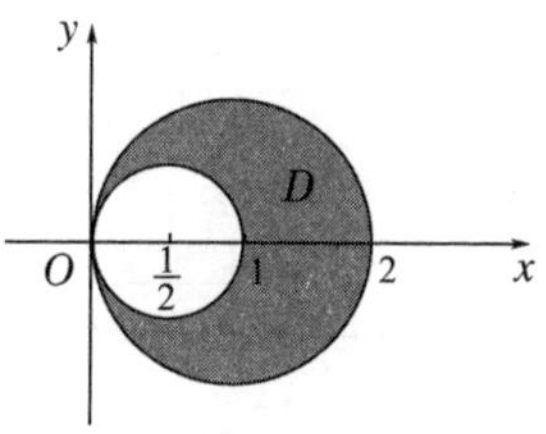

图 8.7

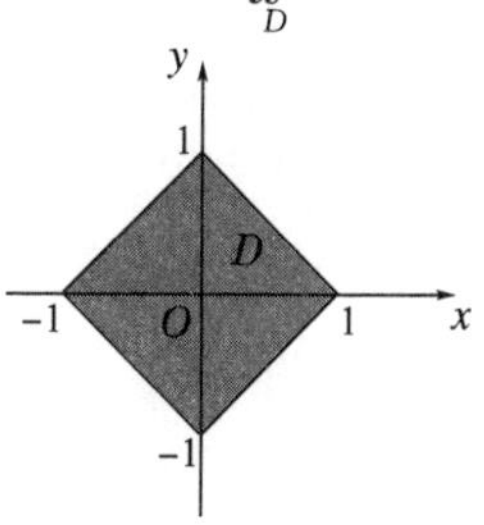

图 8.8

(2) 对区域 D 作图,如图 8.8 所示,利用对称性计算 $\iint\limits_D x\,dxdy+\iint\limits_D |y|\,dxdy$.

因为区域 D 关于 y 轴对称且被积函数关于 x 为奇函数,所以 $\iint\limits_D x\,dxdy=0$. 而

$\iint\limits_{D}|y|\mathrm{d}x\mathrm{d}y=4\iint\limits_{D_1}y\mathrm{d}x\mathrm{d}y=4\int_0^1 y\mathrm{d}y\int_0^{1-y}\mathrm{d}x=4\int_0^1 y(1-y)\mathrm{d}y=\dfrac{2}{3}$，所以

$$\iint\limits_{D}(x+|y|)\mathrm{d}x\mathrm{d}y=0+\frac{2}{3}=\frac{2}{3}.$$

【案例 8.6】(反常积分的计算)计算反常积分 $\int_{-\infty}^{+\infty}\mathrm{e}^{-x^2}\mathrm{d}x$.

解:因为 e^{-x^2} 没有原函数的简单表达式,所以反常积分 $\int_{-\infty}^{+\infty}\mathrm{e}^{-x^2}\mathrm{d}x$ 不能直接算出.

由于 $\int_{-\infty}^{+\infty}\mathrm{e}^{-x^2}\mathrm{d}x=\int_{-\infty}^{+\infty}\mathrm{e}^{-y^2}\mathrm{d}y$,故

$$\left(\int_{-\infty}^{+\infty}\mathrm{e}^{-x^2}\mathrm{d}x\right)^2=\int_{-\infty}^{+\infty}\mathrm{e}^{-x^2}\mathrm{d}x\cdot\int_{-\infty}^{+\infty}\mathrm{e}^{-y^2}\mathrm{d}y=\int_{-\infty}^{+\infty}\int_{-\infty}^{+\infty}\mathrm{e}^{-x^2-y^2}\mathrm{d}x\mathrm{d}y.$$

因为在 xOy 平面上用极坐标表示积分区域为 $R^2=\{(\rho,\theta)\mid 0\leqslant\rho<+\infty,0\leqslant\theta\leqslant 2\pi\}$,

所以 $\left(\int_{-\infty}^{+\infty}\mathrm{e}^{-x^2}\mathrm{d}x\right)^2=\int_{-\infty}^{+\infty}\int_{-\infty}^{+\infty}\mathrm{e}^{-x^2-y^2}\mathrm{d}x\mathrm{d}y=\int_0^{2\pi}\mathrm{d}\theta\int_0^{+\infty}\rho\mathrm{e}^{-\rho^2}\mathrm{d}\rho=\dfrac{1}{2}2\pi\mathrm{e}^{-\rho^2}\Big|_0^{+\infty}=\pi$,

即 $\int_{-\infty}^{+\infty}\mathrm{e}^{-x^2}\mathrm{d}x=\sqrt{\pi}$.

【案例 8.7】(人口分布密度的统计模型)某城市人口分布密度 P 随着与市中心距离 r 的增加而逐步减少,根据统计规律可建立如下模型

$$P(r)=\frac{32}{r^2+16}(\text{万人/平方千米}),$$

求在离市区 4 km 范围内人口的平均密度.

解: $\overline{P}=\dfrac{1}{16\pi}\iint\limits_{D}\dfrac{32}{r^2+16}\mathrm{d}\sigma=\dfrac{1}{16\pi}\int_0^{2\pi}\mathrm{d}\theta\int_0^4\dfrac{32r}{r^2+16}\mathrm{d}r=2\ln 2(\text{万人 / 平方千米})$.

【案例 8.8】(三个正交圆柱面所界立体的体积)三个半径为 R 的圆柱面,分别以三条坐标轴为中心轴,求此三个正交圆柱面所围成的立体的体积.

解:由对称性可知,三个正交圆柱面所围成的立体可分为 16 个区域,如图 8.9 所示.

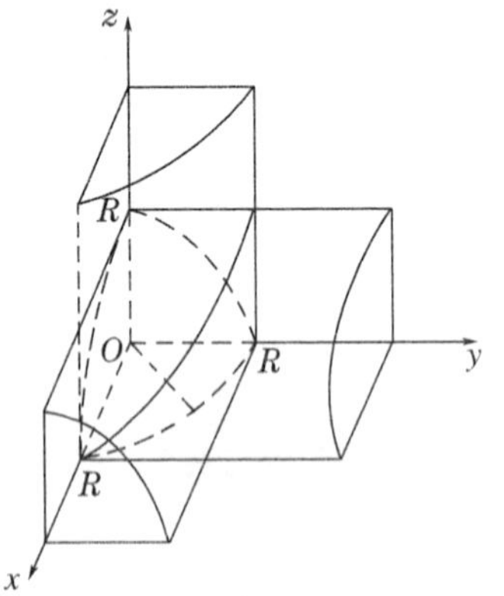

图 8.9

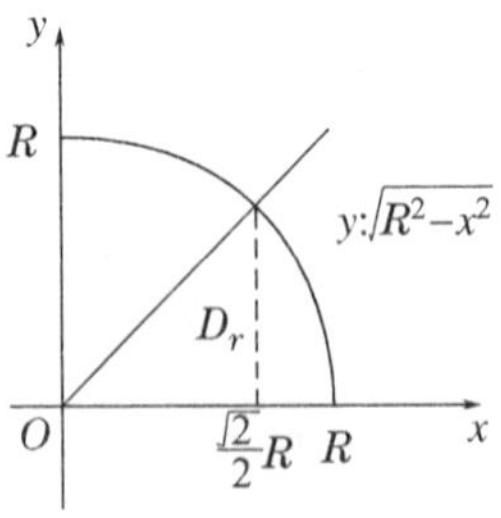

图 8.10

再利用对称性可知,只要求出对应于 D_1(如图 8.10 所示)一块区域上的体积也就可以了.由于这是一个曲顶柱体,其顶面方程为 $z=\sqrt{R^2-x^2}$,所以

$$V_1=\iint\limits_{D_1}\sqrt{R^2-x^2}\mathrm{d}\sigma=\int_0^{\frac{\sqrt{2}}{2}R}\mathrm{d}x\int_0^x\sqrt{R^2-x^2}\mathrm{d}y+\int_{\frac{\sqrt{2}}{2}R}^{R}\mathrm{d}x\int_0^{\sqrt{R^2-x^2}}\sqrt{R^2-x^2}\mathrm{d}y$$

$$=\int_0^{\frac{\sqrt{2}}{2}R} x\sqrt{R^2-x^2}\,\mathrm{d}x+\int_{\frac{\sqrt{2}}{2}R}^{R}(\sqrt{R^2-x^2})^2\,\mathrm{d}x=\left(1-\frac{\sqrt{2}}{2}\right)R^3.$$

故 $V=16V_1=(16-8\sqrt{2})R^3$.

注: 本题中的二重积分,也可以重新确定积分次序,先对 x 积分而后对 y 积分,或化为极坐标系下的二次积分来计算,但都将会比较麻烦.

【案例 8.9】(立体体积) 计算由锥面 $z=\sqrt{x^2+y^2}$ 与旋转抛物面 $z=6-x^2-y^2$ 所围成的立体体积.

解: 因为$\begin{cases}z=\sqrt{x^2+y^2},\\ z=6-x^2-y^2\end{cases}$在 xOy 面上的投影区域为

$$D=\{(x,y)\,|\,x^2+y^2\leqslant 4\}=\{(\rho,\theta)\,|\,0\leqslant\rho\leqslant 2,0\leqslant\theta\leqslant 2\pi\},$$

于是所求立体体积为

$$V=\iint_D(6-x^2-y^2)\,\mathrm{d}\sigma-\iint_D\sqrt{x^2+y^2}\,\mathrm{d}\sigma=\iint_D(6-x^2-y^2-\sqrt{x^2+y^2})\,\mathrm{d}\sigma$$

$$=\iint_D(6-\rho^2-\rho)\rho\,\mathrm{d}\rho\,\mathrm{d}\theta=\int_0^{2\pi}\mathrm{d}\theta\int_0^2(6-\rho^2-\rho)\rho\,\mathrm{d}\rho$$

$$=2\pi\left(3\rho^2-\frac{1}{4}\rho^4-\frac{1}{3}\rho^3\right)\Big|_0^2=\frac{32}{3}\pi.$$

【案例 8.10】(曲面面积) 求锥面 $z=\sqrt{x^2+y^2}$ 被柱面 $z^2=2x$ 所割下部分的曲面面积.

解: 因为$\begin{cases}z=\sqrt{x^2+y^2},\\ z^2=2x\end{cases}$在 xOy 面上的投影区域为

$$D_{xy}=\{(x,y)\,|\,x^2+y^2\leqslant 2x\}=\{(\rho,\theta)\,|\,0\leqslant\rho\leqslant 2\cos\theta,-\frac{\pi}{2}\leqslant\theta\leqslant\frac{\pi}{2}\},$$

因为 $z_x=\dfrac{x}{\sqrt{x^2+y^2}}, z_y=\dfrac{y}{\sqrt{x^2+y^2}}$,所以 $\sqrt{1+z_x^2+z_y^2}=\sqrt{2}$.

于是所求曲面面积为

$$A=\iint_{D_{xy}}\sqrt{1+z_x^2+z_y^2}\,\mathrm{d}\sigma=\iint_{D_{xy}}\sqrt{2}\,\mathrm{d}\sigma=\sqrt{2}\int_{-\frac{\pi}{2}}^{\frac{\pi}{2}}\mathrm{d}\theta\int_0^{2\cos\theta}\rho\,\mathrm{d}\rho$$

$$=4\sqrt{2}\int_0^{\frac{\pi}{2}}\cos^2\theta\,\mathrm{d}\theta=\sqrt{2}\pi.$$

【案例 8.11】(平面薄片的质心) 设平面薄片在 xOy 面所占闭区域 D 由抛物线 $y=x^2$ 和直线 $y=x$ 围成,其面密度为 $\mu(x,y)=x^2y$,求该薄片的质心.

解: 该薄片的质量为

$$M=\iint_D x^2y\,\mathrm{d}\sigma=\int_0^1\mathrm{d}x\int_{x^2}^{x}x^2y\,\mathrm{d}y=\frac{1}{2}\int_0^1(x^4-x^6)\,\mathrm{d}x=\frac{1}{35}.$$

静力矩 M_y 和 M_x 分别为

$$M_y=\iint_D x^3y\,\mathrm{d}\sigma=\int_0^1\mathrm{d}x\int_{x^2}^{x}x^3y\,\mathrm{d}y=\frac{1}{2}\int_0^1(x^5-x^7)\,\mathrm{d}x=\frac{1}{48},$$

$$M_x=\iint_D y\cdot x^2y\,\mathrm{d}\sigma=\int_0^1\mathrm{d}x\int_{x^2}^{x}x^2y^2\,\mathrm{d}y=\frac{1}{3}\int_0^1(x^5-x^8)\,\mathrm{d}x=\frac{1}{54}.$$

所以 $$\bar{x}=\frac{M_y}{M}=\frac{35}{48},\bar{y}=\frac{M_x}{M}=\frac{35}{54},$$

即所求质心坐标为$\left(\frac{35}{48},\frac{35}{58}\right)$.

【案例 8.12】(转动惯量)设平面薄片在 xOy 面所占闭区域 D 由抛物线 $y=\sqrt{x}$和直线 $x=9$, $y=0$ 围成,其面密度为 $\mu(x,y)=x+y$,求转动惯量 I_x, I_y, I_O.

解:$$I_x=\iint_D y^2\mu(x,y)\mathrm{d}\sigma=\int_0^9\mathrm{d}x\int_0^{\sqrt{x}}y^2(x+y)\mathrm{d}y=\int_0^9\left(\frac{1}{3}x^{\frac{5}{2}}+\frac{1}{4}x^2\right)\mathrm{d}x=3^5\times\frac{31}{28},$$

$$I_y=\iint_D x^2\mu(x,y)\mathrm{d}\sigma=\int_0^9\mathrm{d}x\int_0^{\sqrt{x}}x^2(x+y)\mathrm{d}y=\int_0^9\left(x^{\frac{7}{2}}+\frac{1}{2}x^3\right)\mathrm{d}x=3^7\times\frac{19}{8},$$

$$I_O=\iint_D(x^2+y^2)\mu(x,y)\mathrm{d}\sigma=I_x+I_y=3^5\times\frac{1\,259}{56}.$$

练习题 8.1

一、填空题(每小题 4 分,共 20 分)

1. 设有一平面薄片 D 放置在 xOy 平面上,其上任意一点(x,y)处的面密度为 $\rho(x,y)$ ($\rho(x,y)$为定义在 D 上的非负连续函数),则该平面薄片的质量 M 用二重积分可以表示为______________.

2. 当函数 $f(x,y)$在有界闭区域 D 上____________时,$f(x,y)$在 D 上的二重积分必存在.

3. $x^2+y^2\leqslant R^2$ 围成的闭区域记为 D,设 $I=\iint\limits_D\sqrt{R^2-x^2-y^2}\,d\sigma$,则根据二重积分的几何意义可知 $I=$________________.

4. 根据二重积分的几何意义可知 $\iint\limits_D(1-x-y)\,d\sigma=$________________,积分区域 D 为 $x+y=1$ 及 $x=0$,$y=0$ 围成的区域.

5. D 为圆形闭区域 $x^2+y^2\leqslant 4$,则 $\iint\limits_D d\sigma=$________________.

二、单选题(每小题 4 分,共 20 分)

1. 设区域 D 是矩形闭区域:$|x|\leqslant 2$,$|y|\leqslant 1$,则 $\iint\limits_D dxdy=$(　　).

A. 8　　B. 4　　C. 2　　D. -4

2. 设二重积分的积分区域 D:$1\leqslant x^2+y^2\leqslant 16$,则 $\iint\limits_D dxdy=$(　　).

A. π　　B. 4π　　C. 3π　　D. 15π

3. 设 D 是由直线 $y=x$,$y=\dfrac{1}{2}x$,$y=2$ 所围成的闭区域,则 $\iint\limits_D dxdy=$(　　).

A. $\dfrac{1}{4}$　　B. 1　　C. $\dfrac{1}{2}$　　D. 2

4. 设二重积分的积分区域 D:$x^2+y^2\leqslant 2$,则 $\iint\limits_D dxdy=$(　　).

A. 2π　　B. $4\pi^2$　　C. 4π　　D. 16π

5. 设 $I=\iint\limits_D\sqrt[3]{(x^2+y^2-1)}\,dxdy$,其中 D 是圆环 $1\leqslant x^2+y^2\leqslant 2$ 所确定的闭区域,则必有(　　).

A. $I>0$　　B. $I<0$

C. $I=0$　　D. $I\neq 0$,但符号不确定

三、计算题(每小题 12 分,共 60 分)

1. 试用二重积分表示半球 $x^2+y^2+z^2\leqslant a^2$,$z\geqslant 0$ 的体积.

2. 根据二重积分的性质,比较下列积分的大小:$I_1=\iint\limits_D (x+y)^2\mathrm{d}\sigma$ 与 $I_2=\iint\limits_D (x+y)^3\mathrm{d}\sigma$,其中积分区域 D 是由 x 轴、y 轴与直线 $x+y=1$ 所围成.

3. 利用二重积分的性质估计积分 $I=\iint\limits_D (x+y+1)\mathrm{d}x\mathrm{d}y$ 的值,其中 D 是矩形闭区域 $0\leqslant x\leqslant 1$,$0\leqslant y\leqslant 2$.

4. 利用二重积分的性质估计积分 $I=\iint\limits_D \mathrm{e}^{-x^2-y^2}\mathrm{d}\sigma$ 的值,其中 D 是圆域 $x^2+y^2\leqslant 1$.

5. 利用二重积分定义证明:$I=\iint\limits_D \mathrm{d}\sigma=\sigma$($\sigma$ 为区域 D 的面积).

练习题 8.2

一、填空题(每小题 4 分,共 20 分)

1. 在直角坐标系下将二重积分化为累次积分,则 $\iint\limits_D f(x,y)\mathrm{d}x\mathrm{d}y=$__________,其中 D 为 $|x+1|\leqslant 1$,$|y|\leqslant 1$ 围成的区域.

2. 圆域 $x^2+y^2\leqslant 2$ 上的二重积分 $\iint\limits_D f(x,y)\mathrm{d}x\mathrm{d}y$ 化为极坐标形式为__________.

3. 若改变累次积分的次序,则 $\int_0^1\mathrm{d}x\int_x^1 f(x,y)\mathrm{d}y=$__________.

4. 若改变累次积分的次序,则 $\int_0^1\mathrm{d}y\int_{y^2}^{y} f(x,y)\mathrm{d}x=$__________.

5. 设 D:$0\leqslant x\leqslant 1,0\leqslant y\leqslant 1$,则 $\iint\limits_D \mathrm{e}^{x+y}\mathrm{d}x\mathrm{d}y=$__________.

二、单选题(每小题 4 分,共 20 分)

1. 二重积分 $\int_0^2\mathrm{d}x\int_{\frac{x^2}{4}}^1 f(x,y)\mathrm{d}y$ 交换积分次序后为(　　).

A. $\int_0^2\mathrm{d}y\int_{\sqrt{4y}}^1 f(x,y)\mathrm{d}x$　　B. $\int_0^2\mathrm{d}y\int_0^{\sqrt{4y}} f(x,y)\mathrm{d}x$

C. $\int_0^1\mathrm{d}y\int_0^{\sqrt{4y}} f(x,y)\mathrm{d}x$　　D. $\int_0^1\mathrm{d}y\int_{\sqrt{4y}}^2 f(x,y)\mathrm{d}x$

2. 二重积分 $\iint\limits_D y^2\mathrm{d}x\mathrm{d}y$ 可表达为累次积分(　　),其中 D 为 $1\leqslant x^2+y^2\leqslant 4$ 围成的区域.

A. $\int_0^{2\pi}\mathrm{d}\theta\int_1^2 r^3\sin^2\theta\mathrm{d}r$　　B. $\int_0^{2\pi}\mathrm{d}\theta\int_1^2 r^2\sin^2\theta\mathrm{d}r$

C. $\int_0^{2\pi}\mathrm{d}\theta\int_1^2 r^3\cos^2\theta\mathrm{d}r$　　D. $\int_0^{2\pi} r^2\mathrm{d}r\int_1^2\cos^2\theta\mathrm{d}\theta$

3. 二重积分 $\iint\limits_D f(x,y)\mathrm{d}x\mathrm{d}y$ (D 为圆 $x^2+y^2=2y$ 围成的区域)化成极坐标系下的累次积分是(　　).

A. $\int_0^{2\pi}\mathrm{d}\theta\int_0^1 f(r\cos\theta,r\sin\theta)r\mathrm{d}r$　　B. $\int_0^{\pi}\mathrm{d}\theta\int_0^{2\sin\theta} f(r\cos\theta,r\sin\theta)r\mathrm{d}r$

C. $\int_{-\frac{\pi}{2}}^{\frac{\pi}{2}}\mathrm{d}\theta\int_0^{2\sin\theta} f(r\cos\theta,r\sin\theta)r\mathrm{d}r$　　D. $\int_0^{\pi}\mathrm{d}\theta\int_0^{2\cos\theta} f(r\cos\theta,r\sin\theta)r\mathrm{d}r$

4. 设曲面 $z=f_1(x,y)$ 和 $z=f_2(x,y)$ 围成的空间立体 V,V 在 Oxy 平面上的投影区域为 D,则 V 的体积为(　　).

A. $\iint\limits_D (f_2 - f_1)\mathrm{d}x\mathrm{d}y$　　B. $\iint\limits_D (f_1 - f_2)\mathrm{d}x\mathrm{d}y$

C. $\sqrt{\iint\limits_D (f_1 - f_2)^2\mathrm{d}x\mathrm{d}y}$　　D. $\iint\limits_D |f_1 - f_2|\mathrm{d}x\mathrm{d}y$

5. 有曲面 $z=\sqrt{4-x^2-y^2}$ 和 $z=0$ 及柱面 $x^2+y^2=1$ 所围的体积是(　　).

A. $\int_0^{2\pi}\mathrm{d}\theta\int_0^2 \sqrt{4-r^2}r\mathrm{d}r$　　B. $4\int_{-\frac{\pi}{2}}^{\frac{\pi}{2}}\mathrm{d}\theta\int_0^2 \sqrt{4-r^2}r\mathrm{d}r$

C. $\int_{-\frac{\pi}{2}}^{\frac{\pi}{2}}\mathrm{d}\theta\int_0^1 \sqrt{4-r^2}r\mathrm{d}r$　　D. $4\int_0^{\frac{\pi}{2}}\mathrm{d}\theta\int_0^1 \sqrt{4-r^2}r\mathrm{d}r$

三、计算题(每小题 12 分,共 36 分)

1. 计算 $\iint\limits_D \frac{y^2}{x^2}\mathrm{d}x\mathrm{d}y$,其中 D 是由曲线 $y=\frac{1}{x}$ 和直线 $y=x$,$y=2$ 所围区域.

2. 计算 $\iint\limits_D x\mathrm{e}^{xy}\mathrm{d}x\mathrm{d}y$,其中 D 是由曲线 $y=\frac{1}{x}$ 和直线 $x=1$,$x=2$,$y=2$ 所围区域.

3. 计算 $\iint\limits_D (2x+y-1)\mathrm{d}x\mathrm{d}y$,其中 D 是由直线 $x=0$,$y=0$ 及 $2x+y=1$ 围成的区域.

四、应用题(每小题 12 分,共 24 分)

1. 求由抛物面 $z=1-x^2-y^2$ 与 xOy 面所围成的立体的体积.

2. 求曲面 $4z=x^2+y^2$ 与 $z=\sqrt{5-x^2-y^2}$ 所围成的立体的体积.

测试题 8

一、填空题(每小题 4 分,共 20 分)

1. 设区域 $D=\{(x,y)\mid |x|+|y|\leqslant 1\}$,估计二重积分 $I=\iint\limits_{D}\frac{1}{1+\cos^2 x+\cos^2 y}\mathrm{d}\sigma$ 的值为__________.

2. 设区域 $D=\{(x,y)\mid a\leqslant x\leqslant b,0\leqslant y\leqslant 1\}$,又已知 $\iint\limits_{D}yf(x)\mathrm{d}x\mathrm{d}y=1$,则 $\int_a^b f(x)\mathrm{d}x$ = __________.

3. 二次积分 $\int_0^2\mathrm{d}x\int_0^{\sqrt{2x-x^2}}f(x,y)\mathrm{d}y$ 在极坐标系下表示为______________.

4. 二次积分 $\int_0^2\mathrm{d}y\int_y^{4-y}f(x,y)\mathrm{d}x$ 改变成先 y 后 x 的积分是______________.

5. 二重积分 $\int_0^1\mathrm{d}x\int_x^1 \mathrm{e}^{-y^2}\mathrm{d}y=$______________.

二、单选题(每小题 4 分,共 20 分)

1. 设区域 $D=\{(x,y)\mid (x-2)^2+(y-1)^2\leqslant 2\}$,则二重积分 $I_1=\iint\limits_{D}(x+y)^3\mathrm{d}\sigma$ 与 $I_2=\iint\limits_{D}(x+y)^2\mathrm{d}\sigma$ 的大小关系为(　　).

   A. $I_1=I_2$　　B. $I_1>I_2$　　C. $I_1<I_2$　　D. 无法判断

2. 由二重积分的几何意义,积分 $\iint\limits_{x^2+y^2\leqslant 1}2\sqrt{1-x^2-y^2}\,\mathrm{d}\sigma=$(　　).

   A. π　　B. $\frac{4\pi}{3}$　　C. $\frac{2\pi}{3}$　　D. $\frac{\pi}{3}$

3. 二次积分 $\int_1^2\mathrm{d}x\int_{\frac{1}{x}}^{x}f(x,y)\mathrm{d}y$ 改变积分次序后为(　　).

   A. $\int_{\frac{1}{x}}^{x}\mathrm{d}y\int_1^2 f(x,y)\mathrm{d}x$

   B. $\int_{\frac{1}{2}}^{1}\mathrm{d}y\int_y^2 f(x,y)\mathrm{d}x+\int_1^2\mathrm{d}y\int_{\frac{1}{y}}^{2}f(x,y)\mathrm{d}x$

   C. $\int_x^{\frac{1}{x}}\mathrm{d}y\int_1^2 f(x,y)\mathrm{d}x$

   D. $\int_{\frac{1}{2}}^{1}\mathrm{d}y\int_{\frac{1}{y}}^{2}f(x,y)\mathrm{d}x+\int_1^2\mathrm{d}y\int_y^2 f(x,y)\mathrm{d}x$

4. 设函数 $f(x,y)$ 在区域 D:$x^2+y^2\leqslant a^2$ 上连续,则 $\iint\limits_{D}f(x,y)\mathrm{d}\sigma=$(　　).

   A. $\int_0^{2\pi}\mathrm{d}\theta\int_0^a f(r\cos\theta,r\sin\theta)\mathrm{d}r$　　B. $4\int_0^{\frac{\pi}{2}}\mathrm{d}\theta\int_0^a f(r\cos\theta,r\sin\theta)r\mathrm{d}r$

C. $2\int_0^a dx\int_{-\sqrt{a^2-x^2}}^{\sqrt{a^2-x^2}} f(x,y)dy$　　D. $\int_{-a}^a dx\int_{-\sqrt{a^2-x^2}}^{\sqrt{a^2-x^2}} f(x,y)dy$

5. 由圆柱面 $x^2+y^2=2x$，抛物面 $z=x^2+y^2$ 及平面 $z=0$ 所围空间区域的体积为（　　）.

A. π　　B. $\frac{3\pi}{2}$　　C. 2π　　D. $\frac{5\pi}{2}$

三、计算题(每小题 8 分，共 40 分)

1. 求 $\iint\limits_D xy\,d\sigma$，其中 D 由 $y=x^2$ 和 $y=x+2$ 所围成.

2. 求 $\iint\limits_D \frac{x^2}{y^2}dxdy$，其中 D 为 $xy=1, y=x, x=2$ 所围成的区域.

3. 求 $\int_0^2 dx\int_0^{\sqrt{2x-x^2}} (x^2+y^2)dy$.

4. 求 $\iint\limits_D (xy+1)d\sigma$，其中 D 是由曲线 $x=\sqrt{2y-y^2}$ 与 $y=x$ 围成的弓形区域.

5. 求$\iint\limits_{D}\sqrt{x^2+y^2}\mathrm{d}x\mathrm{d}y$,其中$D$为$x^2+y^2=a^2$,$x^2+y^2=ax$,$x=0$所围成的第一象限的区域.

四、应用题(每小题 10 分,共 20 分)

1. 求圆柱面$x^2+y^2=2y$与锥面$z^2=x^2+y^2$所围部分的立体体积.

2. 求柱面$x^2+y^2=R^2$与二平面$x-2y+z=4$,$2x+3y-z=8$所围空间区域的体积.

第 9 章　线性代数初步案例与练习

内容提要

本章的内容主要是行列式，矩阵和线性方程组.

行列式部分的基本内容：行列式的概念，行列式的性质与计算，克拉默法则.

矩阵部分的基本内容：矩阵的概念和矩阵的计算，矩阵的初等变换与逆矩阵，以及矩阵秩的概念与求法.

线性方程组部分的基本内容：线性方程组的求解，线性方程组解的判定定理.

为了帮助大家更好地理解、掌握和应用这些内容，我们编写了下面的案例与练习.

疑难解析

一、关于矩阵的运算

1. 矩阵的加法：$\boldsymbol{A}+\boldsymbol{B}=(a_{ij}+b_{ij})$.

注意：只有当两个矩阵是同型矩阵时才能相加，且两个矩阵相加等于把这两个矩阵的对应元素相加.

2. 数乘矩阵：$k\boldsymbol{A}=(ka_{ij})$，即数 k 要乘以矩阵 $\boldsymbol{A}$ 的每一个元素.

3. 矩阵的乘法：设两个矩阵 $\boldsymbol{A}=(a_{ij})_{m\times s}$，$\boldsymbol{B}=(b_{ij})_{s\times n}$，则矩阵 $\boldsymbol{A}$ 与矩阵 $\boldsymbol{B}$ 的乘积记为 $\boldsymbol{C}=\boldsymbol{A}\times\boldsymbol{B}$，规定 $\boldsymbol{C}=(c_{ij})_{m\times n}$，其中

$$c_{ij}=a_{i1}b_{1j}+a_{i2}b_{2j}+\cdots+a_{is}b_{sj}=\sum_{k=1}^{s}a_{ik}b_{kj}\quad(i=1,2,\cdots,m;j=1,2,\cdots,n).$$

注意：矩阵乘法与数字乘法有下列不同.

(1) 只有当矩阵 $\boldsymbol{A}$ 的列数与 $\boldsymbol{B}$ 的行数相同时，$\boldsymbol{A}$ 与 $\boldsymbol{B}$ 才能作乘积，并且乘积矩阵的行数与 $\boldsymbol{A}$ 的行数相等，乘积矩阵的列数与 $\boldsymbol{B}$ 的列数相等.

(2) 矩阵的乘法一般不满足交换律. 首先，当 $\boldsymbol{AB}$ 有意义时，$\boldsymbol{BA}$ 不一定有意义，例如：若 $\boldsymbol{A}$ 为 3×2 矩阵，$\boldsymbol{B}$ 为 2×5 矩阵，则 $\boldsymbol{AB}$ 有意义而 $\boldsymbol{BA}$ 没有意义；再则 $\boldsymbol{BA}$ 有意义也不一定与 $\boldsymbol{AB}$ 同型，例如 $\boldsymbol{A}$ 为 3×2 矩阵，$\boldsymbol{B}$ 为 2×3 矩阵，则 $\boldsymbol{AB}$ 为 3×3 矩阵，而 $\boldsymbol{BA}$ 为 2×2 矩阵；即使 $\boldsymbol{AB}$ 与 $\boldsymbol{BA}$ 同型也不一定相等.

若对于方阵 $\boldsymbol{A}$，$\boldsymbol{B}$. 有 $\boldsymbol{AB}=\boldsymbol{BA}$ 成立，则称方阵 $\boldsymbol{A}$ 与 $\boldsymbol{B}$ 是可交换. 对任一方矩阵 $\boldsymbol{A}$，有 $\boldsymbol{EA}=\boldsymbol{AE}$.

(3) 两个非零矩阵的乘积可能等于零矩阵，例如：$\boldsymbol{A}=\begin{pmatrix}0&1\\0&1\end{pmatrix}$　$\boldsymbol{B}=\begin{pmatrix}1&1\\0&0\end{pmatrix}$，则 $\boldsymbol{AB}=\begin{pmatrix}0&1\\0&1\end{pmatrix}\begin{pmatrix}1&1\\0&0\end{pmatrix}=\begin{pmatrix}0&0\\0&0\end{pmatrix}$.

(4) 矩阵乘法一般不满足消去律. 即 $\boldsymbol{AB}=\boldsymbol{AC}$,且 $\boldsymbol{A}\neq\boldsymbol{0}$,不一定有 $\boldsymbol{B}=\boldsymbol{C}$. 只有当 $\boldsymbol{A}$ 是可逆矩阵时,矩阵乘法的消去律成立.

二、关于矩阵的行列式

n 阶矩阵的行列式是一个代数式,需要关注以下几点:

1. 矩阵的行列式是对方阵而言的;

2. 计算矩阵的行列式,只需将这个矩阵的括弧改为两竖线成为一个行列式,再按行列式的计算方法计算即可;

3. 对于数乘矩阵 $k\boldsymbol{A}$(其中 k 为实数,$\boldsymbol{A}$ 为 n 阶矩阵)的行列式要理解 $|k\boldsymbol{A}|=k^n|\boldsymbol{A}|$,而不是 $|k\boldsymbol{A}|=k|\boldsymbol{A}|$.

三、关于矩阵可逆与逆矩阵

1. 可逆矩阵和逆矩阵是两个不同的概念,对于 n 阶矩阵 $\boldsymbol{A}$,若存在 n 阶矩阵 $\boldsymbol{B}$,使

$$\boldsymbol{AB}=\boldsymbol{BA}=\boldsymbol{E},$$

则称 $\boldsymbol{A}$ 是可逆矩阵,并称 $\boldsymbol{B}$ 为 $\boldsymbol{A}$ 的逆矩阵. 实际上,只要有 $\boldsymbol{AB}=\boldsymbol{E}$,就必然有 $\boldsymbol{BA}=\boldsymbol{E}$,反之亦然. 当然,由 $\boldsymbol{AB}=\boldsymbol{BA}=\boldsymbol{E}$ 式可知,矩阵 $\boldsymbol{B}$ 也是可逆的,其逆矩阵为矩阵 $\boldsymbol{A}$.

2. 可逆矩阵的判定:(1) 利用定义 $\boldsymbol{AB}=\boldsymbol{BA}=\boldsymbol{E}$; (2) 若 $\boldsymbol{A}$ 可逆 $\Leftrightarrow$ $|\boldsymbol{A}|\neq 0$; (3) 若 $\boldsymbol{A}$ 可逆 $\Leftrightarrow$ $r(\boldsymbol{A})=n$,即矩阵的秩数=矩阵的阶数.

3. 逆矩阵求法

(1) 伴随矩阵法:若矩阵 $\boldsymbol{A}$ 的行列式不等于零,即 $|\boldsymbol{A}|\neq 0$,则 $\boldsymbol{A}$ 可逆,$\boldsymbol{A}^{-1}=\dfrac{\boldsymbol{A}^*}{|\boldsymbol{A}|}$.

其中 $\boldsymbol{A}^*$ 是 $\boldsymbol{A}$ 的伴随矩阵. 此法对于阶数较高的矩阵计算量会较大,一般适用于二、三阶矩阵的求逆运算,在使用中要注意伴随矩阵 $\boldsymbol{A}*$ 的元素构成及排列方式.

(2) 初等行变换法:将矩阵 $\boldsymbol{A}$ 的右边加上一个同阶的单位矩阵,使之成为 $n\times 2n$ 矩阵,对其进行一系列的初等行变换

$$(\boldsymbol{A}\,\vdots\,\boldsymbol{E})\sim(\boldsymbol{E}\,\vdots\,\boldsymbol{A}^{-1})$$

在具体计算中所选择的变换是使矩阵左边的子矩阵 $\boldsymbol{A}$ 变为单位子矩阵,随之矩阵右边的单位子矩阵变得的矩阵就是矩阵 $\boldsymbol{A}$ 的逆矩阵.

初等行变换法适用于各阶矩阵的求逆,在计算中要明确每一步变换的目的,且在用初等行变换法求逆矩阵时,不必先证明矩阵可逆. 若经初等行变换后,矩阵 $\boldsymbol{A}$ 变成了 $\boldsymbol{E}$ 则可逆;若矩阵 $\boldsymbol{A}$ 不能变成 $\boldsymbol{E}$,$\boldsymbol{A}$ 不可逆.

四、关于矩阵的秩

矩阵秩的概念是本课程的重要概念之一,判断矩阵是否可逆,方程组解的情况判定等都要用到矩阵的秩.

求矩阵的秩的最简单的方法就是初等行变换法:对矩阵做初等行变换,将其化为阶梯矩阵,阶梯矩阵非零行的数目即为矩阵的秩,所以说可逆矩阵是满秩矩阵.

五、常用的公式与结论

1. 关于矩阵的转置

(1) $(\boldsymbol{A}^{\mathrm{T}})^{\mathrm{T}}=\boldsymbol{A}$;　　(2) $(\boldsymbol{A}+\boldsymbol{B})^{\mathrm{T}}=\boldsymbol{A}^{\mathrm{T}}+\boldsymbol{B}^{\mathrm{T}}$;

(3) $(\lambda\boldsymbol{A})^{\mathrm{T}}=\lambda\boldsymbol{A}^{\mathrm{T}}$　(λ 是常数);　　(4) $(\boldsymbol{AB})^{\mathrm{T}}=\boldsymbol{B}^{\mathrm{T}}\boldsymbol{A}^{\mathrm{T}}$.

2. 关于逆矩阵

若 $\boldsymbol{A},\boldsymbol{B}$ 均为同阶可逆矩阵,则有

(1) 若 $\boldsymbol{A}$ 可逆,则 $\boldsymbol{A}^{-1}$ 亦可逆,且 $(\boldsymbol{A}^{-1})^{-1}=\boldsymbol{A}$;

(2) 若 $\boldsymbol{A}$ 可逆,数 $\lambda\neq0$,则 $(\lambda\boldsymbol{A})^{-1}=\frac{1}{\lambda}\boldsymbol{A}^{-1}$;

(3) 若 $\boldsymbol{A},\boldsymbol{B}$ 为同阶可逆矩阵,则 $\boldsymbol{AB}$ 也可逆,且 $(\boldsymbol{AB})^{-1}=\boldsymbol{B}^{-1}\boldsymbol{A}^{-1}$;

(4) 若 $\boldsymbol{A}$ 可逆,则 $(\boldsymbol{A}^{\mathrm{T}})^{-1}=(\boldsymbol{A}^{-1})^{\mathrm{T}}$.

3. 关于矩阵的行列式

若 $\boldsymbol{A},\boldsymbol{B}$ 均为 n 阶矩阵,则有

(1) $|\boldsymbol{A}^{\mathrm{T}}|=|\boldsymbol{A}|$;　　(2) $|\lambda\boldsymbol{A}|=\lambda^n|\boldsymbol{A}|$;

(3) $|\boldsymbol{AB}|=|\boldsymbol{A}||\boldsymbol{B}|$;　　(4) $|\boldsymbol{A}^{-1}|=\frac{1}{|\boldsymbol{A}|}$.

六、关于线性方程组

1. 克拉默法则

对于线性方程组,当其系数行列式 $D\neq0$ 时,有且仅有唯一解 $x_1=\frac{D_1}{D},x_2=\frac{D_2}{D},\cdots,x_n=\frac{D_n}{D}$,其中 $D_j((j=1,2,\cdots,n))$ 是将系数行列式 D 中第 j 列元素 $a_{1j},a_{2j},\cdots,a_{nj}$ 对应的换成方程组的常熟项 $b_1,b_2,\cdots,b_n$ 后得到的行列式.

2. 线性方程组解的判定定理

n 元线性方程组 $\mathbf{A}x=\boldsymbol{b}$:

(1) 无解的充分必要条件是:$r(\mathbf{A})<r(\mathbf{B})$;

(2) 有唯一解的充分必要条件是:$r(\mathbf{A})=r(\mathbf{B})=n$;

(3) 有无穷多解的充分必要条件是:$r(\mathbf{A})=r(\mathbf{B})<n$.

n 元齐次线性方程组 $\mathbf{A}x=\boldsymbol{0}$:

(1) 仅有零解的充分必要条件是 $r(\mathbf{A})=n$.

(2) 非零解的充分必要条件是 $r(\mathbf{A})<n$.

线性方程组解的判定定理是线性方程组理论中的一个基本定理,该定理直接通过系数矩阵和增广矩阵的秩判断出解的情况,它比克拉默法则有更普遍的意义,因为不论方程个数与未知量个数是否相等,也不论系数行列式是否等于零,都可以用定理来判定.

根据定理还可以进一步得到求解放组的方法:非齐次线性方程组:增广矩阵化成行阶梯形矩阵,便可判断其是否有解.若有解,化成行最简形矩阵,写出其通解.齐次线性方程组:系数矩阵化成行最简形矩阵,写出其通解.

3. 向量组的线性相关性

向量组的线性相关与线性无关是指相同维数的向量间的一种线性关系，这种线性关系只有两种：要么线性相关，要么线性无关. 向量组线性相关是指向量之间存在某种线性关系，例如，向量组中某些向量可以由其余向量线性表出；线性无关是指向量组中所有向量不存在任何线性关系，例如，每一个向量都不能由其余向量线性表出. 由这种想法抽象地给出向量组线性相关与线性无关的含义，同时引出了两个很重要的概念——向量组的秩和极大无关组.

4. 齐次线性方程组的基础解系

齐次线性方程组的解的情况包括只有零解、非零解两种，如果它只有零解，也就是只有唯一的零解，这种齐次线性方程组及解的情况没有再进一步研究的价值；如果它有非零解，即它的一般解表达式中有自由未知数，它的解有无穷多个.

n 元齐次线性方程组每一个非零解可表示为一个 n 维解向量. 在这些 n 维解向量中如果能够找出 t 个线性无关的解向量，而 $t+1$ 个解向量线性相关，这 t 个线性无关的解向量就是一个基础解系，这样齐次线性方程组任意的一个解都可以由它的基础解系线性表出.

这 t 个线性无关的解向量如何确定？若系数矩阵的秩是 r，即阶梯阵有 r 个非零行，非自由未知量有 r 个，自由未知量有 $n-r$ 个，于是有 $n-r$ 个线性无关的解，即所有解向量的极大无关组有 $n-r$ 个解向量，这样基础解系中包含有 $n-r$ 个解.

显然这 $n-r$ 个线性无关的解向量决定自由未知量的取法，所以基础解系不是唯一的，但是不同的基础解系在确定线性方程组全部解中的作用却是相同的.

有了基础解系，可以求出线性方程组的全部解：$X_0+k_1X_1+\cdots+k_{n-r}X_{n-r}$，其中 X_0 是线性方程组的一个特解，$X_1,\cdots,X_{n-r}$ 是对应的齐次线性方程组的一个基础解系，$k_1,\cdots,k_{n-r}$ 是任意常数.

案例分析

【案例 9.1】(物资调运方案) 在物资调运中，某物资有两个产地上海、南京，三个销售地广州、深圳、厦门，调运方案见表 9.1.

表 9.1　物资调运方案

数量　销售地 / 产地	广州	深圳	厦门
上海	17	25	20
南京	26	32	23

这个调运方案可以简写成一个 2 行 3 列的数表：

$$\begin{pmatrix} 17 & 25 & 20 \\ 26 & 32 & 23 \end{pmatrix}.$$

【案例 9.2】(对策论中局中人的得益矩阵) 两儿童 A,B 玩游戏，每人只能在{石头，剪刀，布}中选择一种，当 A，B 各选择一种策略时，就确定一个“局势”，也就定出了各自的输赢. 规定胜者得 1 分，负者失 1 分，平手各得零分，则 A 的得益矩阵可用如下的矩阵表述：

$$\begin{array}{cc} & \quad B\text{策略} \\ & \begin{array}{ccc}\text{石头} & \text{剪刀} & \text{布}\end{array} \\ A\text{策略}\begin{array}{c}\text{石头}\\ \text{剪刀}\\ \text{布}\end{array} & \begin{pmatrix} 0 & 1 & -1 \\ -1 & 0 & 1 \\ 1 & -1 & 0 \end{pmatrix}\end{array}$$

【案例 9.3】(受力分析) 作用在一静止物体上的力如图 9.1 所示，我们将物体所受的力沿水平方向和铅直方向进行分解，可以得到如下关系：

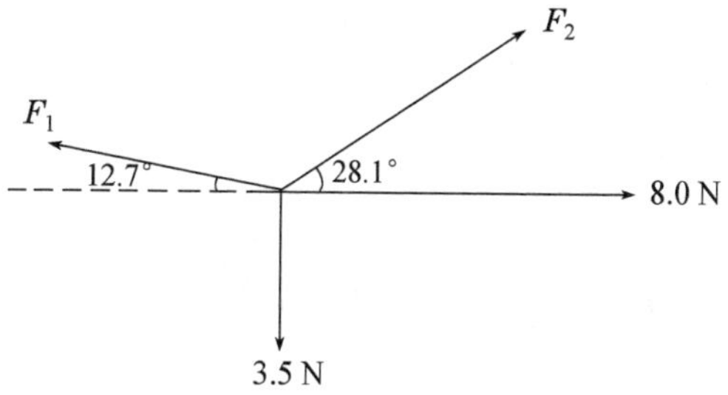

图 9.1

水平方向：$0.98F_1-0.88F_2=8.0$，

铅直方向：$0.22F_1+0.47F_2=3.5$.

可以用矩阵相等表示为

$$\begin{pmatrix} 0.98F_1-0.88F_2 \\ 0.22F_1+0.47F_2 \end{pmatrix}=\begin{pmatrix} 8.0 \\ 3.5 \end{pmatrix}$$

【案例 9.4】(库存量) 若甲仓库的三类商品 4 种型号的库存件数用矩阵 $\boldsymbol{A}$ 表示为：

$$\boldsymbol{A}=\begin{pmatrix} 1 & 2 & 1 & 5 \\ 3 & 4 & 8 & 7 \\ 2 & 5 & 2 & 3 \end{pmatrix},$$

乙仓库的三类商品 4 种型号的库存件数用矩阵 $\boldsymbol{B}$ 表示为

$$\boldsymbol{B}=\begin{pmatrix} 3 & 5 & 2 & 1 \\ 2 & 1 & 3 & 3 \\ 4 & 3 & 5 & 4 \end{pmatrix},$$

已知甲仓库每件商品的保管费为 3 元，乙仓库每件商品的保管费为 2 元，求甲、乙两仓库同类且同一种型号商品的保管费之和.

解：甲、乙两仓库同类且同一种型号商品的保管费之和可由矩阵 $\boldsymbol{F}$ 表示为

$$\boldsymbol{F}=3\boldsymbol{A}+2\boldsymbol{B}=3\begin{pmatrix} 1 & 2 & 1 & 5 \\ 3 & 4 & 8 & 7 \\ 2 & 5 & 2 & 3 \end{pmatrix}+2\begin{pmatrix} 3 & 5 & 2 & 1 \\ 2 & 1 & 3 & 3 \\ 4 & 3 & 5 & 4 \end{pmatrix}.$$

$$=\begin{pmatrix} 3 & 6 & 3 & 15 \\ 9 & 12 & 24 & 21 \\ 6 & 15 & 6 & 9 \end{pmatrix}+\begin{pmatrix} 6 & 10 & 4 & 2 \\ 4 & 2 & 6 & 6 \\ 8 & 6 & 10 & 8 \end{pmatrix}=\begin{pmatrix} 9 & 16 & 7 & 17 \\ 13 & 14 & 30 & 27 \\ 14 & 21 & 16 & 17 \end{pmatrix}.$$

【案例 9.5】(奶粉销售问题) 设有两家连锁超市出售三种奶粉，某日销售量(单位：包)见表 9.2，每种奶粉的单价和利润见表 9.3. 求各超市出售奶粉的总收入和总利润.

表 9.2

超市	奶粉Ⅰ	奶粉Ⅱ	奶粉Ⅲ
甲	5	8	10
乙	7	5	6

表 9.3

货类	单价(单位:元)	利润(单位:元)
奶粉Ⅰ	15	3
奶粉Ⅱ	12	2
奶粉Ⅲ	20	4

解:各个超市奶粉的总收入=奶粉Ⅰ数量×单价+奶粉Ⅱ数量×单价+奶粉Ⅲ数量×单价.

列表 9.4 分析如下:

表 9.4

超市	总收入(单位:元)	总利润(单位:元)
甲	5×15+8×12+10×20	5×3+8×2+10×4
乙	7×15+5×12+6×20	7×3+5×2+6×4

设 $\boldsymbol{A}=\begin{pmatrix}5 & 8 & 10\\7 & 5 & 6\end{pmatrix}$,$\boldsymbol{B}=\begin{pmatrix}15 & 3\\12 & 2\\20 & 4\end{pmatrix}$,$\boldsymbol{C}$ 为各超市出售奶粉的总收入和总利润,则

$$\boldsymbol{C}=\begin{pmatrix}5\times15+8\times12+10\times20 & 5\times3+8\times2+10\times4\\7\times15+5\times12+6\times20 & 7\times3+5\times2+6\times4\end{pmatrix}=\begin{pmatrix}371 & 71\\285 & 55\end{pmatrix}.$$

所以甲超市出售奶粉的总收入和总利润分别为 371 元和 71 元,乙超市出售奶粉的总收入和总利润分别为 285 元和 55 元.

【案例 9.6】(电路分析)已知网络双端口参数矩阵 $\boldsymbol{A},\boldsymbol{B}$ 满足 $\begin{cases}2\boldsymbol{A}+2\boldsymbol{B}=\boldsymbol{C},\\2\boldsymbol{A}-2\boldsymbol{B}=\boldsymbol{D},\end{cases}$ 其中 $\boldsymbol{C}=\begin{pmatrix}7 & 10 & -2\\1 & -5 & -10\end{pmatrix}$,$\boldsymbol{D}=\begin{pmatrix}5 & -2 & -6\\-5 & -15 & -14\end{pmatrix}$. 求参数矩阵 $\boldsymbol{A},\boldsymbol{B}$.

解:由 $\begin{cases}2\boldsymbol{A}+2\boldsymbol{B}=\boldsymbol{C},\\2\boldsymbol{A}-2\boldsymbol{B}=\boldsymbol{D}\end{cases}$ 可得 $\boldsymbol{A}=\frac{1}{4}(\boldsymbol{C}+\boldsymbol{D})$,$\boldsymbol{B}=\frac{1}{4}(\boldsymbol{C}-\boldsymbol{D})$,代入数据可得

$$\boldsymbol{A}=\frac{1}{4}(\boldsymbol{C}+\boldsymbol{D})=\frac{1}{4}\left[\begin{pmatrix}7 & 10 & -2\\1 & -5 & -10\end{pmatrix}+\begin{pmatrix}5 & -2 & -6\\-5 & -15 & -14\end{pmatrix}\right]=\begin{pmatrix}3 & 2 & -2\\-1 & -5 & -6\end{pmatrix},$$

$$\boldsymbol{B}=\frac{1}{4}(\boldsymbol{C}-\boldsymbol{D})=\frac{1}{4}\left[\begin{pmatrix}7 & 10 & -2\\1 & -5 & -10\end{pmatrix}-\begin{pmatrix}5 & -2 & -6\\-5 & -15 & -14\end{pmatrix}\right]=\begin{pmatrix}\frac{1}{2} & 3 & 1\\\frac{3}{2} & \frac{5}{2} & 1\end{pmatrix}.$$

【案例 9.7】(产品销量问题)某商场电子柜台 2010 年 5 月的部分产品销量见表 9.5，求销售这几种产品的总收益.

表 9.5

产　品	单价/元	销量/个
快译典	1 200	80
U 盘	360	100
MP5	800	200

如果用矩阵 $\boldsymbol{P}=\begin{pmatrix}1\,200\\360\\800\end{pmatrix}$ 表示产品的单价，用矩阵 $\boldsymbol{Q}=\begin{pmatrix}80\\100\\200\end{pmatrix}$ 表示销量，那么无论是 $\boldsymbol{PQ}$ 还是 $\boldsymbol{QP}$ 都是没有意义的. 如果我们将矩阵 $\boldsymbol{P}$ 的行列互换后再与矩阵 $\boldsymbol{Q}$ 相乘，其做法既符合矩阵的乘法定义，也与实际情况相符. 即这几种产品的销售收益为

$$R=1\,200\times80+360\times100+800\times200=(1\,200\quad 360\quad 800)\begin{pmatrix}80\\100\\200\end{pmatrix}.$$

【案例 9.8】(电子运动)在研究电子的运动时，常用到矩阵 $\boldsymbol{S}_y=\begin{pmatrix}0&-i\\i&0\end{pmatrix}$，这里 $i=\sqrt{-1}$. 试验证：$\boldsymbol{S}_y^2=\boldsymbol{I}$.

解：$\boldsymbol{S}_y^2=\begin{pmatrix}0&-i\\i&0\end{pmatrix}\begin{pmatrix}0&-i\\i&0\end{pmatrix}=\begin{pmatrix}0\times0+(-i)\times i&0\times(-i)+(i)\times0\\i\times0+0\times i&i\times(-i)+0\times0\end{pmatrix}=\begin{pmatrix}1&0\\0&1\end{pmatrix}=\boldsymbol{I}.$

【案例 9.9】(人员轮训问题)某公司为促进技术进步，对职工分批进行脱产轮训. 若现有不脱产职工 8 000 人，脱产参加轮训的有 2 000 人，计划每年从现有不脱产的那些人员中抽调 30%的人参加轮训，而在轮训队伍中让 60%的人结业回到工作岗位上去. 若职工总人数不变，问 1 年后不脱产职工及脱产职工各有多少？ 2 年后又怎样？

解：由题意设比例矩阵为

$$\boldsymbol{A}=\begin{bmatrix}a_{11}&a_{12}\\a_{21}&a_{22}\end{bmatrix}=\begin{pmatrix}0.7&0.6\\0.3&0.4\end{pmatrix},$$

其中 a_{11} 为未训职工保留的百分比，a_{21} 为每年新参加培训的工人占未培训工人的百分比，a_{12} 为在训人员中回到生产岗位的百分比，a_{22} 为在训人员中留下继续培训的百分比. 即第 1 列表示原生产人员结构，第 2 列表示原轮训人员结构，第 1 行表示现生产人员结构，第 2 行表示现轮训人员结构.

记 $\boldsymbol{x}=\begin{pmatrix}8\,000\\2\,000\end{pmatrix}$，表示目前的人员结构，则一年后的人员结构为

$$\boldsymbol{Ax}-\begin{pmatrix}0.7&0.2\\0.3&0.8\end{pmatrix}\begin{pmatrix}8\,000\\2\,000\end{pmatrix}=\begin{pmatrix}6\,800\\3\,200\end{pmatrix},$$

2 年后的人员结构为

$$\boldsymbol{A}(\boldsymbol{Ax})=\boldsymbol{A}^2\boldsymbol{x}=\begin{pmatrix}6\,680\\3\,320\end{pmatrix}.$$

可以看出,2年后脱产轮训的人数大约为生产人员的一半.

【案例 9.10】(用电度数) 我国某地方为避开高峰期用电,实行分时段计费,鼓励夜间用电.某地白天(AM8:00—PM11:00)与夜间(PM11:00—AM8:00)的电费标准为 P,若某宿舍两户人某月的用电情况如下:

$$\begin{array}{cc} & \begin{array}{cc}\text{白天} & \text{夜间}\end{array} \\ \begin{array}{c}一 \\ 二\end{array} & \begin{pmatrix} 120 & 150 \\ 132 & 174 \end{pmatrix} \end{array}$$

所交电费 $F=(90.29 \quad 101.41)$,问如何用矩阵的运算表示当地的电费?

解: 令 $A=\begin{pmatrix} 120 & 150 \\ 132 & 174 \end{pmatrix}$,则 $AP=F^{\mathrm{T}}$.

等式两边同时左乘矩阵 A^{-1},可以得到当地的电费标准为 $P=A^{-1}F^{\mathrm{T}}$.

用初等变换求 A^{-1} 如下:

$$\left(\begin{array}{cc:cc} 120 & 150 & 1 & 0 \\ 132 & 174 & 0 & 1 \end{array}\right) \xrightarrow{\frac{1}{30}r_1} \left(\begin{array}{cc:cc} 4 & 5 & \frac{1}{30} & 0 \\ 132 & 174 & 0 & 1 \end{array}\right) \xrightarrow{r_2-33r_1}$$

$$\left(\begin{array}{cc:cc} 4 & 5 & \frac{1}{30} & 0 \\ 0 & 9 & -\frac{11}{10} & 1 \end{array}\right) \xrightarrow{\frac{1}{9}r_2} \left(\begin{array}{cc:cc} 4 & 5 & \frac{1}{30} & 0 \\ 0 & 1 & -\frac{11}{90} & \frac{1}{9} \end{array}\right) \xrightarrow{r_1-5r_2}$$

$$\left(\begin{array}{cc:cc} 4 & 0 & \frac{58}{90} & -\frac{5}{9} \\ 0 & 1 & -\frac{11}{90} & \frac{1}{9} \end{array}\right) \xrightarrow{\frac{1}{4}r_1} \left(\begin{array}{cc:cc} 1 & 0 & \frac{58}{360} & -\frac{5}{36} \\ 0 & 1 & -\frac{11}{90} & \frac{1}{9} \end{array}\right).$$

即
$$A^{-1}=\begin{pmatrix} \frac{29}{180} & -\frac{5}{36} \\ -\frac{11}{90} & \frac{1}{9} \end{pmatrix}.$$

所以 $P=A^{-1}F^{\mathrm{T}}=\begin{pmatrix} \frac{29}{180} & -\frac{5}{36} \\ -\frac{11}{90} & \frac{1}{9} \end{pmatrix}\begin{pmatrix} 90.29 \\ 101.41 \end{pmatrix}=\begin{pmatrix} 0.462\,0 \\ 0.232\,3 \end{pmatrix}.$

即白天的电费标准为 0.462 元/度,夜间电费标准为 0.232 3 元/度.

【案例 9.11】(密码学) 密码法是信息编码与解码的技巧,其中的一种基于利用可逆矩阵的方法,先在 26 个英文字母与数字之间建立一一对应关系,例如可以是 $A\leftrightarrow1,B\leftrightarrow2,\cdots,Z\leftrightarrow26$.若要发出信息"action",使用上述代码,则此信息的编码是 1,3,20,9,15,14,可写成两个列矩阵 $(1,3,20)^{\mathrm{T}},(9,15,14)^{\mathrm{T}}$.现任选一可逆阵 A,将传出的信息通过 A 编成"密码"后发出,如 $A=\begin{pmatrix} 1 & 2 & 3 \\ 1 & 1 & 2 \\ 0 & 1 & 2 \end{pmatrix}$,则 $\begin{pmatrix} 1 \\ 3 \\ 20 \end{pmatrix}$ 编成 $A\begin{pmatrix} 1 \\ 3 \\ 20 \end{pmatrix}=\begin{pmatrix} 67 \\ 44 \\ 43 \end{pmatrix}$,而 $\begin{pmatrix} 9 \\ 15 \\ 14 \end{pmatrix}$ 编成 $A\begin{pmatrix} 9 \\ 15 \\ 14 \end{pmatrix}=\begin{pmatrix} 81 \\ 52 \\ 43 \end{pmatrix}.$

在收到信息：67，44，43，81，52，43 后，用 $\boldsymbol{A}^{-1}=\begin{pmatrix}0 & 1 & -1\\ 2 & -2 & -1\\ -1 & 1 & 1\end{pmatrix}$ 恢复明码，有

$$\boldsymbol{A}^{-1}\begin{pmatrix}67\\44\\43\end{pmatrix}=\begin{pmatrix}1\\3\\20\end{pmatrix},\boldsymbol{A}^{-1}\begin{pmatrix}81\\52\\43\end{pmatrix}=\begin{pmatrix}9\\15\\14\end{pmatrix}.$$

即得到信息：action.

【案例 9.12】(缉毒船的速度)一艘载有毒品的船以 63 km/h 的速度离开港口，由于得到举报，24 min 后一缉毒船以 75 km/h 的速度从港口出发追赶毒品走私船，问当缉毒船追上载有毒品的船时，它们各行驶了多长时间？

解：设当缉毒船追上载有毒品的船时，载有毒品的船和缉毒船各行驶了 x_1，x_2 小时，则

$$\begin{cases}63x_1=75x_2,\\ x_1-\dfrac{24}{60}=x_2,\end{cases}\text{即}\begin{cases}63x_1-75x_2=0,\\ x_1-x_2=0.4.\end{cases}$$

记 $\boldsymbol{A}=\begin{pmatrix}63 & -75\\ 1 & -1\end{pmatrix}$，$\boldsymbol{X}=\begin{pmatrix}x_1\\x_2\end{pmatrix}$，$\boldsymbol{B}=\begin{pmatrix}0\\0.4\end{pmatrix}$，则 $\boldsymbol{AX}=\boldsymbol{B}$.

方程两边同时左乘 $\boldsymbol{A}^{-1}$，得 $\boldsymbol{X}=\boldsymbol{A}^{-1}\boldsymbol{B}$.

由初等行变换，可以得到 A 的逆矩阵为

$$\boldsymbol{A}^{-1}=\frac{1}{12}\begin{pmatrix}-1 & 75\\ -1 & 63\end{pmatrix}.$$

则 $\boldsymbol{X}=\boldsymbol{A}^{-1}\boldsymbol{B}=\dfrac{1}{12}\begin{pmatrix}-1 & 75\\ -1 & 63\end{pmatrix}\begin{pmatrix}0\\0.4\end{pmatrix}=\dfrac{1}{12}\begin{pmatrix}30\\25.2\end{pmatrix}=\begin{pmatrix}2.5\\2.1\end{pmatrix}$.

所以载有毒品的船行驶了 2.5 小时，缉毒船行驶了 2.1 小时.

【案例 9.13】(配料问题)有甲、乙、丙三种化肥，甲种化肥每千克含氮 70 克，磷 8 克，钾 2 克；乙种化肥每千克含氮 64 克，磷 10 克，钾 0.6 克；丙种化肥每千克含氮 70 克，磷 5 克，钾 1.4 克. 若把此三种化肥混合，要求总重量 23 千克且含磷 149 克，钾 30 克，问三种化肥各需多少千克？

解：设甲、乙、丙三种化肥各需 x_1 千克，x_2 千克，x_3 千克，根据题意得方程组：

$$\begin{cases}x_1+x_2+x_3=23,\\ 8x_1+10x_2+5x_3=149,\\ 2x_1+0.6x_2+1.4x_3=30.\end{cases}$$

此方程组的系数行列式为 $D=\begin{vmatrix}1 & 1 & 1\\ 8 & 10 & 5\\ 2 & 0.6 & 1.4\end{vmatrix}=-\dfrac{27}{5}\neq 0$，另计算

$$D_1=\begin{vmatrix}23 & 1 & 1\\ 149 & 10 & 5\\ 30 & 0.6 & 1.4\end{vmatrix}=-\frac{81}{5},D_2=\begin{vmatrix}1 & 23 & 1\\ 8 & 149 & 5\\ 2 & 30 & 1.4\end{vmatrix}=-27,D_3=\begin{vmatrix}1 & 1 & 23\\ 8 & 10 & 149\\ 2 & 0.6 & 30\end{vmatrix}=-81.$$

由克拉默法则知，此方程组有唯一解：

$$x_1=\frac{D_1}{D}=3,x_2=\frac{D_2}{D}=5,x_3=\frac{D_3}{D}=15.$$

即甲、乙、丙三种化肥各需 3 千克，5 千克，15 千克.

【案例 9.14】(费用分摊问题) 设一个公司有 3 个生产部门 P_1,P_2,P_3 和 4 个管理部门 M_1,M_2,M_3,M_4. 公司规定，每个管理部门的费用由生产部门及其他管理部门分摊，分摊比例由服务量确定，现已知分摊费用比例如表 9.6 所示.

表 9.6

管理部门 \ 分摊比例 \ 部门	M_1	M_2	M_3	M_4	P_1	P_2	P_3	自身费用（万元）
M_1	0	0.04	0.10	0.10	0.27	0.26	0.23	4
M_2	0.08	0	0.15	0.04	0.21	0.30	0.22	3.5
M_3	0	0	0	0.10	0.30	0.30	0.30	15
M_4	0.10	0.08	0.08	0	0.24	0.25	0.25	2.5

设各个管理部门 M_1,M_2,M_3,M_4 的自身费用（如人员工资、办公费用等）依次为 4 万元、3.5 万元、15 万元、2.5 万元. 试确定每个管理部门的总费用（自身费用加上承担其他部门的费用）.

解： 设管理部门 M_1,M_2,M_3,M_4 发生的总费用分别为 x_1 万元，x_2 万元，x_3 万元和 x_4 万元，由表 9.6 可知，对管理部门 M_1，应有如下等式：

$$x_1=4+0.08x_2+0.1x_4.$$

同理，对 M_2,M_3,M_4，有如下的 3 个等式：

$$x_2=3.5+0.04x_1+0.08x_4,$$
$$x_3=15+0.1x_1+0.15x_2+0.08x_4,$$
$$x_4=2.5+0.1x_1+0.04x_2+0.1x_3.$$

因此，费用分摊问题可归结为如下的四元一次线性方程组的求解：

$$\begin{cases}x_1-0.08x_2-0.1x_4=4,\\-0.04x_1+x_2-0.08x_4=3.5,\\-0.1x_1-0.15x_2+x_3-0.08x_4=15,\\-0.1x_1-0.04x_2-0.1x_3+x_4=2.5.\end{cases}$$

解得 $x_1=4.805\,1$ 万元，$x_2=4.075\,5$ 万元，$x_3=16.475\,1$ 万元，$x_4=4.791\,0$ 万元.

【案例 9.15】(产品数量) 一工厂有 1 000 h 用于生产、维修和检验. 各工序的工作时间分别为 x_1,x_2,x_3，且满足：$x_1+x_2+x_3=1\,000$，$x_1=x_3-100$，$x_1+x_3=x_2+100$，求各工序所用时间.

解： 由题意得

$$\begin{cases}x_1+x_2+x_3=1\,000,\\x_1-x_3=-100,\\x_1-x_2+x_3=100.\end{cases}$$

该方程组的增广矩阵为

$$\boldsymbol{B}=\begin{pmatrix}1&1&1&1\,000\\1&0&-1&-100\\1&-1&1&100\end{pmatrix}.$$

对增广矩阵化简如下：

$$B=\begin{pmatrix}1 & 1 & 1 & 1\,000\\ 1 & 0 & -1 & -100\\ 1 & -1 & 1 & 100\end{pmatrix}\xrightarrow{r_1\leftrightarrow r_2}\begin{pmatrix}1 & 0 & -1 & -100\\ 1 & 1 & 1 & 1000\\ 1 & -1 & 1 & 100\end{pmatrix}$$

$$\xrightarrow[r_3-r_1]{r_2-r_1}\begin{pmatrix}1 & 0 & -1 & -100\\ 0 & 1 & 2 & 1\,100\\ 0 & -1 & 2 & 200\end{pmatrix}\xrightarrow{r_3+r_2}\begin{pmatrix}1 & 0 & -1 & -100\\ 0 & 1 & 2 & 1\,100\\ 0 & 0 & 4 & 1300\end{pmatrix}$$

$$\xrightarrow{\frac{1}{4}\times r_3}\begin{pmatrix}1 & 0 & -1 & -100\\ 0 & 1 & 2 & 1\,100\\ 0 & 0 & 1 & 325\end{pmatrix}\xrightarrow[r_2-2\times r_3]{r_1+r_3}\begin{pmatrix}1 & 0 & 0 & 225\\ 0 & 1 & 0 & 450\\ 0 & 0 & 1 & 325\end{pmatrix}.$$

它所对应的方程组的解为 $x_1=225, x_2=450, x_3=325$.

即用于生产、维修和检验的时间分别为 225 小时，450 小时，325 小时.

练习题 9.1

一、填空题(每小题 4 分,共 20 分)

1. $\begin{vmatrix} 1 & 3 \\ 1 & 4 \end{vmatrix}=$________.

2. 分解行列式 $\begin{vmatrix} a+x & b+y \\ c+z & d+w \end{vmatrix}=$________________________________.

3. 若把行列式的某一行的倍数加到另一行对应的元素上去,则行列式的值________.

4. 若行列式 $\begin{vmatrix} 1 & 1 & 1 \\ k & 2 & 1 \\ 0 & 0 & 2 \end{vmatrix}=0$,则 $k=$____________.

5. 设 $\begin{vmatrix} 2 & -1 & 3 \\ 3 & 0 & 4 \\ -5 & -1 & 9 \end{vmatrix}$ 中第一行元素的代数余子式分别为 A_{11}, A_{12}, A_{13},则 $-5 \cdot A_{11} + (-1) \cdot A_{12} + 9 \cdot A_{13} =$____________.

二、单选题(每小题 4 分,共 20 分)

1. 行列式 $\begin{vmatrix} \lambda-1 & 2 \\ 2 & \lambda-1 \end{vmatrix} \neq 0$ 的充要条件是( ).

A. $\lambda \neq 3$　　B. $\lambda \neq -1$

C. $\lambda \neq 3$ 或 $\lambda \neq -1$　　D. $\lambda \neq 3$ 且 $\lambda \neq -1$

2. 设行列式 $\begin{vmatrix} a_1 & b_1 & c_1 \\ a_3 & 4b_3 & c_3 \\ a_2 & b_2 & c_2 \end{vmatrix}=1$,则行列式 $\begin{vmatrix} 2a_1 & 4b_1 & 2c_1 \\ a_2 & 2b_2 & c_2 \\ a_3 & 8b_3 & c_3 \end{vmatrix}=$( ).

A. 2　　B. -2　　C. 4　　D. -4

3. 若 $\begin{vmatrix} 0 & 0 & 0 & 1 \\ 0 & 0 & a & 0 \\ 0 & 2 & 0 & 0 \\ 1 & 0 & 0 & a \end{vmatrix}=1$,则 $a=$( ).

A. $\frac{1}{2}$　　B. 7　　C. $-\frac{1}{2}$　　D. 1

4. 行列式 $\begin{vmatrix} 103 & 100 & 204 \\ 199 & 200 & 395 \\ 301 & 300 & 600 \end{vmatrix}=$( ).

A. 1 000　　B. $-1\,000$　　C. 2 000　　D. $-2\,000$

5. 设 $D\neq 0$ 是任意一个 n 阶行列式，用 a_{ij} 表示 D 的第 i 行、第 j 列交叉位置的元素，A_{ij} 表示元素 a_{ij} 的代数余子式，则下列式子中(　　)一定不正确.

A. $a_{i1}A_{i1}+a_{i2}A_{i2}+\cdots+a_{in}A_{in}=0$　　B. $a_{i1}A_{i1}+a_{i2}A_{i2}+\cdots+a_{in}A_{in}=D$

C. $a_{1j}A_{1j}+a_{2j}A_{2j}+\cdots+a_{nj}A_{nj}=D$　　D. $a_{11}A_{21}+a_{12}A_{22}+\cdots+a_{1n}A_{2n}=0$

三、计算题(每小题 12 分，共 60 分)

1. 解行列式方程 $\begin{vmatrix} x & 1 & 1 \\ 1 & x & -1 \\ 4 & 5 & x-3 \end{vmatrix}=0$.

2. 计算行列式 $\begin{vmatrix} x & 1 & 1 & 1 \\ 1 & x & 1 & 1 \\ 1 & 1 & x & 1 \\ 1 & 1 & 1 & x \end{vmatrix}$ 的值.

3. 设行列式 $D=\begin{vmatrix} 1 & 1 & 1 & 0 \\ 4 & 3 & -5 & 1 \\ -2 & 5 & 2 & 1 \\ 3 & -2 & 1 & 1 \end{vmatrix}$，$A_{i2}$ 为元素 a_{i2} 的代数余子式($i=1,2,3,4$)，试求：(1) 行列式 D；(2) $A_{12}+A_{22}+A_{32}+A_{42}$.

4. 用克莱姆法则解非齐次线性方程组$\begin{cases} x+2y+2z=3, \\ -x-4y+z=7, \\ 3x+7y+4z=3. \end{cases}$

5. 设齐次线性方程组$\begin{cases} 2x+ky+3z=0, \\ kx-y-4z=0, \\ 4x+y-z=0 \end{cases}$有非零解，则 k 应取何值？

练习题 9.2

一、填空题(每小题4分,共20分)

1. 设 $\boldsymbol{A}$ 为 $m\times n$ 矩阵,则 $\boldsymbol{AE}=\boldsymbol{A}$ 中的 $\boldsymbol{E}$ 是____________阶单位矩阵.

2. 已知 $\boldsymbol{A}=\begin{pmatrix}1&2&3\\4&9&6\end{pmatrix}$,$\boldsymbol{B}=\begin{pmatrix}2&5&1\\3&8&2\end{pmatrix}$,则 $\boldsymbol{A}+2\boldsymbol{B}=$____________.

3. 设 $\boldsymbol{A}$ 是 3×4 矩阵,$\boldsymbol{B}$ 是 5×2 矩阵,且乘积 $\boldsymbol{ACB}$ 有意义,则矩阵 $\boldsymbol{C}^{\mathrm{T}}$ 的阶数为____________.

4. 已知 $\boldsymbol{A}=\begin{pmatrix}1&1\\-1&-1\end{pmatrix}$,$\boldsymbol{B}=\begin{pmatrix}2&-2\\-2&2\end{pmatrix}$,则 $\boldsymbol{AB}=$____________,$\boldsymbol{BA}=$____________.

5. 设 $\boldsymbol{A}=\begin{pmatrix}2&0&0\\3&1&0\\5&3&2\end{pmatrix}$,则 $|2\boldsymbol{A}|=$____________.

二、单选题(每小题4分,共20分)

1. 设 $\boldsymbol{A},\boldsymbol{B}$ 都为5阶矩阵,$|\boldsymbol{A}|=|\boldsymbol{B}|=2$,则 $|-2\boldsymbol{AB}^{\mathrm{T}}|=$(　　).
   A. -2^5　　B. 2^5　　C. -2^7　　D. 2^7

2. 设矩阵 $\boldsymbol{A}_{3\times 2},\boldsymbol{B}_{2\times 3},\boldsymbol{C}_{3\times 3}$,则运算(　　)可以进行.
   A. $\boldsymbol{AC}$　　B. $\boldsymbol{ABC}$　　C. $\boldsymbol{CB}$　　D. $\boldsymbol{AB}-\boldsymbol{BC}$

3. 设矩阵 $\boldsymbol{A}=\begin{pmatrix}a_1&b_1&c_1\\a_2&b_2&c_2\\a_3&b_3&c_3\end{pmatrix}$,则与 $|\boldsymbol{A}|$ 中 c_2 的代数余子式相等的是(　　).
   A. $\begin{vmatrix}a_1&b_1\\a_3&b_3\end{vmatrix}$　　B. $\begin{vmatrix}a_3&b_3\\a_1&b_1\end{vmatrix}$
   C. $\begin{vmatrix}b_3&a_3\\b_1&a_1\end{vmatrix}$　　D. $\begin{vmatrix}b_3&b_1\\a_3&a_1\end{vmatrix}$

4. 设 $\boldsymbol{A},\boldsymbol{B}$ 均为 n 阶矩阵,则下列命题正确的是(　　).
   A. $|k\boldsymbol{A}|=k|\boldsymbol{A}|$　　B. $(\boldsymbol{A}-\boldsymbol{B})^2=\boldsymbol{A}^2-2\boldsymbol{AB}+\boldsymbol{B}^2$
   C. $|-k\boldsymbol{A}|=(-k)^n|\boldsymbol{A}|$　　D. 若 $\boldsymbol{AB}=\boldsymbol{0}$,则 $\boldsymbol{A}=\boldsymbol{0}$ 或 $\boldsymbol{B}=\boldsymbol{0}$

5. 乘积矩阵 $\boldsymbol{C}=\begin{pmatrix}1&-1\\2&4\end{pmatrix}\begin{pmatrix}-1&0&3\\5&2&1\end{pmatrix}$ 中元素 $c_{23}=$(　　).
   A. 1　　B. 7　　C. 10　　D. 8

三、计算题(每小题12分,共48分)

1. 设 $\boldsymbol{A}=\begin{pmatrix}1&2\\-3&5\end{pmatrix}$,$\boldsymbol{B}=\begin{pmatrix}-1&1\\4&3\end{pmatrix}$,$\boldsymbol{C}=\begin{pmatrix}5&4\\3&-1\end{pmatrix}$,求:(1) $2\boldsymbol{A}+3\boldsymbol{C}$;(2) $\boldsymbol{AB}$;

(3) $(\boldsymbol{AB})^{\mathrm{T}}\boldsymbol{C}$.

2. 已知矩阵 $\boldsymbol{A}=\begin{pmatrix}1 & -3 & 2\\ -3 & 1 & 1\\ 2 & 1 & 1\end{pmatrix}$，$\boldsymbol{X}=\begin{pmatrix}1\\2\\3\end{pmatrix}$，求 $\boldsymbol{X}^{\mathrm{T}}\boldsymbol{AX}$.

3. 设矩阵 $\boldsymbol{A}=\begin{pmatrix}1 & 0 & 2\\ 1 & -2 & 0\end{pmatrix}$，$\boldsymbol{B}=\begin{pmatrix}2 & 1 & 2\\ 0 & 1 & 0\\ 0 & 0 & 2\end{pmatrix}$，$\boldsymbol{C}=\begin{pmatrix}-6 & 1\\ 2 & 2\\ -4 & 2\end{pmatrix}$，计算 $\boldsymbol{BA}^{\mathrm{T}}+(\boldsymbol{C}^{\mathrm{T}}\boldsymbol{B})^{\mathrm{T}}$.

4. 已知 $\boldsymbol{A}=\begin{pmatrix}1 & 1\\ 2 & 2\end{pmatrix}$，求 $\boldsymbol{A}^{n}$.

四、证明题(本题 12 分)

试证：对任意方阵，都有 $\boldsymbol{A}+\boldsymbol{A}^{\mathrm{T}}$ 是对称矩阵.

练习题 9.3

一、填空题(每小题 4 分,共 20 分)

1. 若 n 阶矩阵 $\boldsymbol{A},\boldsymbol{B},\boldsymbol{C}$ 满足 $\boldsymbol{AB}=\boldsymbol{C}$,且 $|\boldsymbol{B}|\neq 0$ 则 $\boldsymbol{A}=$____________.

2. 当 $a\neq$____________时,矩阵 $\boldsymbol{A}=\begin{pmatrix}1 & 3\\ -1 & a\end{pmatrix}$ 可逆,则 $\boldsymbol{A}^{-1}=$____________.

3. 设三阶矩阵 $\boldsymbol{A}$,且 $|\boldsymbol{A}|=\dfrac{1}{2}$,则 $|\boldsymbol{A}^{-1}|=$____________.

4. 设三阶矩阵 $\boldsymbol{A}$,若元素 a_{ij} 的代数余子式 $A_{ij}=a_{ij}\,(i,j=1,2,3)$,则 $\boldsymbol{A}$ 的伴随矩阵

$\boldsymbol{A}^*=$____________.

5. 矩阵 $\begin{pmatrix}1 & 1 & 1\\ -1 & -1 & 2\\ 2 & 2 & 5\end{pmatrix}$ 的秩为____________.

二、单选题(每小题 4 分,共 20 分)

1. 设 $\boldsymbol{A},\boldsymbol{B}$ 都是 n 阶可逆矩阵($n>1$),则下列式子成立的是(　　).

A. $|\boldsymbol{AB}|=|\boldsymbol{A}|\,|\boldsymbol{B}|$　　B. $(\boldsymbol{A}+\boldsymbol{B})^{-1}=\boldsymbol{A}^{-1}+\boldsymbol{B}^{-1}$

C. $\boldsymbol{AB}=\boldsymbol{BA}$　　D. $|\boldsymbol{A}+\boldsymbol{B}|^{-1}=|\boldsymbol{A}|^{-1}+|\boldsymbol{B}|^{-1}$

2. 设 $\boldsymbol{A}$ 为 n 阶可逆矩阵,则下式(　　)是正确的.

A. $[(\boldsymbol{A}^{\mathrm{T}})^{-1}]^{\mathrm{T}}=[(\boldsymbol{A}^{-1})^{\mathrm{T}}]^{-1}$　　B. $(2\boldsymbol{A})^{\mathrm{T}}=2\boldsymbol{A}^{\mathrm{T}}$

C. $(2\boldsymbol{A})^{-1}=2\boldsymbol{A}^{-1}$　　D. $(\boldsymbol{A}^{\mathrm{T}})^{-1}=\boldsymbol{A}^{-1}$

3. 设矩阵 $\boldsymbol{A}$ 为 3 阶方阵,$|\boldsymbol{A}|=a\neq 0$,则 $|\boldsymbol{A}^*|=$(　　).

A. a　　B. a^2　　C. a^3　　D. a^4

4. 设 $\boldsymbol{A}=\begin{pmatrix}1 & 2 & 3\\ 0 & -4 & 5\\ 0 & 0 & 1\end{pmatrix}$,$\boldsymbol{B}=\begin{pmatrix}1 & 0 & -1\\ 2 & -1 & -2\\ 2 & 4 & 1\end{pmatrix}$,则 $|\boldsymbol{AB}|=$(　　).

A. 8　　B. -10　　C. 12　　D. -14

5. 设 $\boldsymbol{A},\boldsymbol{B}$ 为 n 阶对称矩阵且 $\boldsymbol{B}$ 可逆,则下列矩阵中为对称矩阵的是(　　).

A. $\boldsymbol{AB}^{-1}-\boldsymbol{B}^{-1}\boldsymbol{A}$　　B. $\boldsymbol{AB}^{-1}+\boldsymbol{B}^{-1}\boldsymbol{A}$

C. $\boldsymbol{B}^{-1}\boldsymbol{AB}$　　D. $(\boldsymbol{AB})^2$

三、计算题(每小题 12 分,共 48 分)

1. 设矩阵 $\boldsymbol{B}=\begin{pmatrix}0 & -3 & 2\\ -3 & -1 & 1\\ 1 & 1 & -2\end{pmatrix}$. (1) 计算 $|\boldsymbol{B}+\boldsymbol{E}|$;(2) 写出矩阵 $\boldsymbol{B}+\boldsymbol{E}$ 的伴随矩阵;(3) 求 $(\boldsymbol{B}+\boldsymbol{E})^{-1}$.

2. 设 $\boldsymbol{A}^{-1}=\begin{pmatrix}1 & 3 & -2\\ -\frac{3}{2} & -3 & \frac{5}{2}\\ 1 & 1 & -1\end{pmatrix}$,求 $\boldsymbol{A}^{\mathrm{T}}$,$(\boldsymbol{A}^{*})^{-1}$.

3. 已知矩阵 $\boldsymbol{A}=\begin{pmatrix}1 & -1 & 0\\ 0 & 1 & -1\\ -1 & 0 & 1\end{pmatrix}$,且矩阵 $\boldsymbol{A}$ 与 $\boldsymbol{B}$ 满足:$\boldsymbol{AB}=\boldsymbol{A}+2\boldsymbol{B}$,求矩阵 $\boldsymbol{B}$.

4. 求矩阵 $\boldsymbol{A}=\begin{pmatrix}1&0&1&1&0&1&1\\1&1&0&1&1&0&0\\1&0&1&2&1&0&1\\2&1&1&3&2&0&1\end{pmatrix}$ 的秩.

四、证明题(本题 12 分)

设 $\boldsymbol{A}$ 是 n 阶矩阵,且满足 $\boldsymbol{A}^2-2\boldsymbol{A}-4\boldsymbol{E}=\boldsymbol{0}$,证明:$\boldsymbol{A}+\boldsymbol{E}$ 为可逆矩阵,并求出 $(\boldsymbol{A}+\boldsymbol{E})^{-1}$.

练习题 9.4

一、填空题(每小题 4 分,共 20 分)

1. 设 $\boldsymbol{Ax}=\boldsymbol{0}$ 是含有 n 个未知量 m 个方程的线性方程组,且 $n>m$,则 $\boldsymbol{Ax}=\boldsymbol{0}$ 有____________解.

2. 若线性方程组 $\boldsymbol{A}_{m\times n}\boldsymbol{X}=\boldsymbol{B}$ 有解且有唯一解,则 $r(\boldsymbol{A})$________ n.

3. 已知方程组 $\begin{cases}3x_1+x_2-x_3=0,\\3x_1+2x_2+3x_3=0,\\x_2+\lambda x_3=0\end{cases}$ 有非零解,则 $\lambda=$____________.

4. 已知方程组 $\begin{pmatrix}1&2&1\\2&3&a+2\\1&a&-2\end{pmatrix}\begin{pmatrix}x_1\\x_2\\x_3\end{pmatrix}=\begin{pmatrix}1\\3\\0\end{pmatrix}$ 无解,则 $a=$____________.

5. 设 $\boldsymbol{A},\boldsymbol{B}$ 为三阶矩阵,其中 $\boldsymbol{A}=\begin{pmatrix}1&1&2\\-1&2&1\\0&1&1\end{pmatrix}$,$\boldsymbol{B}=\begin{pmatrix}4&-1&3\\2&k&0\\2&-1&1\end{pmatrix}$,且已知存在三阶方阵 $\boldsymbol{X}$,使得 $\boldsymbol{AX}=\boldsymbol{B}$,则 $k=$____________.

二、单选题(每小题 4 分,共 20 分)

1. 线性方程组 $\begin{cases}x_1+x_2=1,\\x_2+x_3=0\end{cases}$ 解的情况是(　　).

A. 有无穷多解　　B. 只有零解

C. 有唯一非零解　　D. 无解

2. 线性方程组 $\boldsymbol{AX}=\boldsymbol{B}$ 有解,则有(　　).

A. $r(\boldsymbol{A})=r(\boldsymbol{A}\vdots\boldsymbol{B})$　　B. $r(\boldsymbol{A})>r(\boldsymbol{A}\vdots\boldsymbol{B})$

C. $r(\boldsymbol{A})=r(\boldsymbol{A}\vdots\boldsymbol{B})-1$　　D. $r(\boldsymbol{A})<r(\boldsymbol{A}\vdots\boldsymbol{B})$

3. 设 $\boldsymbol{AX}=\boldsymbol{B}$ 是含有 n 个未知量,$m(m\neq n)$个方程的非齐次线性方程组,且 $\boldsymbol{AX}=\boldsymbol{B}$ 有解,那么当(　　)时,$\boldsymbol{AX}=\boldsymbol{B}$ 只有唯一解.

A. $r(\boldsymbol{A})<m$　　B. $r(\boldsymbol{A})=m$　　C. $r(\boldsymbol{A})<n$　　D. $r(\boldsymbol{A})=n$

4. 若 $\boldsymbol{X}_0$ 是线性方程组 $\boldsymbol{AX}=0$ 的解,$\boldsymbol{X}_1$ 是线性方程组 $\boldsymbol{AX}=\boldsymbol{B}$ 的解,则有(　　).

A. $\boldsymbol{X}_1-\boldsymbol{X}_0$ 是 $\boldsymbol{AX}=\boldsymbol{0}$ 的解　　B. $\boldsymbol{X}_1+\boldsymbol{X}_0$ 是 $\boldsymbol{AX}=\boldsymbol{0}$ 的解

C. $\boldsymbol{X}_1+\boldsymbol{X}_0$ 是 $\boldsymbol{AX}=\boldsymbol{B}$ 的解　　D. $\boldsymbol{X}_0-\boldsymbol{X}_1$ 是 $\boldsymbol{AX}=\boldsymbol{0}$ 的解

5. 线性方程组 $\begin{cases}x_1+2x_2+3x_3=2,\\x_1-x_3=6,\\-3x_2+3x_3=4\end{cases}$ (　　).

A. 有无穷多解　　B. 有唯一解　　C. 无解　　D. 只有零解

三、计算题(每小题 20 分,共 60 分)

1. 求齐次线性方程组$\begin{cases}2x_1+3x_2-x_3-7x_4=0,\\3x_1+x_2+2x_3-7x_4=0,\\4x_1+x_2-3x_3+6x_4=0,\\x_1-2x_2+5x_3-5x_4=0\end{cases}$的通解.

2. 求非齐次线性方程组$\begin{cases}2x_1+3x_2+x_3=4,\\x_1-2x_2+4x_3=-5,\\3x_1+8x_2-2x_3=13,\\4x_1-x_2+9x_3=-6\end{cases}$的通解.

3. 设线性方程组$\begin{cases}x_1+2x_2+3x_3=1,\\x_1+3x_2+6x_3=2,\\2x_1+3x_2+ax_3=b,\end{cases}$讨论当 a,b 为何值时,方程组无解,有唯一解,有无穷多解并求一般解.

练习题 9.5

一、填空题(每小题 4 分,共 20 分)

1. 设 4 维向量 $\boldsymbol{\alpha}=(3,-1,0,2)^{\mathrm{T}}$,$\boldsymbol{\beta}=(3,1,-1,4)^{\mathrm{T}}$,若向量 γ 满足 $2\boldsymbol{\alpha}+\gamma=3\boldsymbol{\beta}$,则 $\gamma=$________.

2. 设三阶矩阵 $\boldsymbol{A}=(\boldsymbol{\alpha}_1,\boldsymbol{\alpha}_2,\boldsymbol{\alpha}_3)$,其中 $\boldsymbol{\alpha}_i(i=1,2,3)$ 为 $\boldsymbol{A}$ 的列向量,且 $|\boldsymbol{A}|=2$,则 $|\boldsymbol{\alpha}_1+\boldsymbol{\alpha}_2,-\boldsymbol{\alpha}_2,\boldsymbol{\alpha}_1+\boldsymbol{\alpha}_2-\boldsymbol{\alpha}_3|=$________.

3. 判断下述向量组的线性相关性:

(1) $\boldsymbol{\alpha}_1=(1,1,1)^{\mathrm{T}}$,$\boldsymbol{\alpha}_2=(1,2,3)^{\mathrm{T}}$,$\boldsymbol{\alpha}_3=(1,6,3)^{\mathrm{T}}$,$\boldsymbol{\alpha}_1,\boldsymbol{\alpha}_2,\boldsymbol{\alpha}_3$ 是线性________.

(2) $\boldsymbol{\alpha}_1=(1,2,3)^{\mathrm{T}}$,$\boldsymbol{\alpha}_2=(1,-4,1)^{\mathrm{T}}$,$\boldsymbol{\alpha}_3=(1,14,7)^{\mathrm{T}}$,$\boldsymbol{\alpha}_1,\boldsymbol{\alpha}_2,\boldsymbol{\alpha}_3$ 是线性________.

4. 设 $\boldsymbol{b}_1=\boldsymbol{a}_1+\boldsymbol{a}_2$,$\boldsymbol{b}_2=\boldsymbol{a}_2+\boldsymbol{a}_3$,$\boldsymbol{b}_3=\boldsymbol{a}_3+\boldsymbol{a}_4$,$\boldsymbol{b}_4=\boldsymbol{a}_4+\boldsymbol{a}_1$,则向量组 $\boldsymbol{b}_1,\boldsymbol{b}_2,\boldsymbol{b}_3,\boldsymbol{b}_4$ 线性________.

5. 已知向量组 $\boldsymbol{\alpha}_1=\begin{pmatrix}1\\1\\-2\end{pmatrix}$,$\boldsymbol{\alpha}_2=\begin{pmatrix}1\\-2\\1\end{pmatrix}$,$\boldsymbol{\alpha}_3=\begin{pmatrix}t\\1\\1\end{pmatrix}$的秩为 2,则数 $t=$________.

二、单选题(每小题 4 分,共 20 分)

1. 设 $\boldsymbol{\beta}$ 可由向量 $\boldsymbol{\alpha}_1=(1,0,0)$,$\boldsymbol{\alpha}_2=(0,0,1)$线性表示,则下列向量中 $\boldsymbol{\beta}$ 只能是(　　).

A. $(2,1,1)$　　B. $(-3,0,2)$　　C. $(1,1,0)$　　D. $(0,-1,0)$

2. 设三阶方阵 $\boldsymbol{A}=(\boldsymbol{\alpha}_1,\boldsymbol{\alpha}_2,\boldsymbol{\alpha}_3)$,其中 $\boldsymbol{\alpha}_i$ 为 $\boldsymbol{A}$ 的列向量,且 $|\boldsymbol{A}|=3$,若 $\boldsymbol{B}=(\boldsymbol{\alpha}_1,\boldsymbol{\alpha}_1+\boldsymbol{\alpha}_2,\boldsymbol{\alpha}_1+\boldsymbol{\alpha}_2+\boldsymbol{\alpha}_3)$,则 $|\boldsymbol{B}|=$(　　).

A. 2　　B. -2　　C. 3　　D. 1

3. 设向量 $\boldsymbol{\alpha}_1=(-1,4)$,$\boldsymbol{\alpha}_2=(1,-2)$,$\boldsymbol{\alpha}_3=(3,-8)$,若有常数 a,b 使 $a\boldsymbol{\alpha}_1-b\boldsymbol{\alpha}_2-\boldsymbol{\alpha}_3=\boldsymbol{0}$,则(　　).

A. $a=-1,b=-2$　　B. $a=-1,b=2$

C. $a=1,b=-2$　　D. $a=1,b=2$

4. 设 4 阶矩阵 $\boldsymbol{A}$ 的秩为 3,η_1,η_2 为非齐次线性方程组 $\boldsymbol{AX}=\boldsymbol{b}$ 的两个不同的解,c 为任意常数,则该方程组的通解为(　　).

A. $\eta_1+c\dfrac{\eta_1-\eta_2}{2}$　　B. $\dfrac{\eta_1-\eta_2}{2}+c\eta_1$

C. $\eta_1+c\dfrac{\eta_1+\eta_2}{2}$　　D. $\dfrac{\eta_1+\eta_2}{2}+c\eta_1$

5. 四元齐次线性方程组$\begin{cases}2x_2-x_3-x_4=0\\x_1+x_2+x_3=0\\x_1+3x_2-x_4=0\end{cases}$的基础解系所含解向量的个数为(　　).

A. 3　　B. 1　　C. 2　　D. 4

三、计算题(每小题 10 分,共 40 分)

1. 求下列向量组的秩及一个最大无关组,并将其余向量用这个最大无关组线性表示:

$$\boldsymbol{a}_1=(1,2,1,3)^{\mathrm{T}},\ \boldsymbol{a}_2=(4,-1,-5,-6)^{\mathrm{T}},\ \boldsymbol{a}_3=(1,-3,-4,-7)^{\mathrm{T}}$$

2. 设向量组 $\boldsymbol{a}_1=\begin{pmatrix}-2\\1\\0\\3\end{pmatrix}$,$\boldsymbol{a}_2=\begin{pmatrix}1\\-3\\2\\4\end{pmatrix}$,$\boldsymbol{a}_3=\begin{pmatrix}3\\0\\2\\-1\end{pmatrix}$,$\boldsymbol{a}_4=\begin{pmatrix}0\\-1\\4\\9\end{pmatrix}$,判定 $\boldsymbol{a}_4$ 是否可以由 $\boldsymbol{a}_1$,$\boldsymbol{a}_2$,$\boldsymbol{a}_3$ 线性表出,若可以,求出其表示式.

3. 求齐次线性方程组$\begin{cases}x_1+x_2-2x_4=0\\4x_1-x_2-x_3-x_4=0\\3x_1-x_2-x_3=0\end{cases}$的基础解系及其通解.

4. 求解非齐次线性方程组$\begin{cases} x_1+x_2-x_3-x_4=1 \\ 2x_1+x_2+x_3+x_4=4 \\ 4x_1+3x_2-x_3-x_4=6 \end{cases}$.(要求用它的一个特解和导出组的基础解系表示)

四、证明题(每小题 10 分,共 20 分)

1. 设 $\boldsymbol{A},\boldsymbol{B}$ 都是 n 阶矩阵,且 $\boldsymbol{AB}=\boldsymbol{0}$,证明 $r(\boldsymbol{A})+r(\boldsymbol{B})\leqslant n$.

2. 设 $\boldsymbol{A}^*$ 是 n 阶方阵 $\boldsymbol{A}$ 的伴随矩阵,证明 $r(\boldsymbol{A}^*)=\begin{cases} n, & r(\boldsymbol{A})=n \\ 1, & r(\boldsymbol{A})=n-1 \\ 0, & r(\boldsymbol{A})<n-1 \end{cases}$.

测试题 9

一、填空题(每小题 4 分,共 20 分)

1. 设$|\boldsymbol{A}|$为 n 阶行列式,记$|\boldsymbol{A}|$的余子式与代数余子式分别为 M_{ij} ,A_{ij} ,则 M_{ij} 与 A_{ij} 满足关系式______________.

2. 当 $k=$____________时,等式$\begin{pmatrix}1 & 0 & k\\ 2 & -1 & 0\\ 0 & 1 & 1\end{pmatrix}\begin{pmatrix}1\\ 0\\ -1\end{pmatrix}=\begin{pmatrix}k\\ 2\\ -1\end{pmatrix}$成立.

3. $\boldsymbol{A}$ 是 3 阶方阵,$|\boldsymbol{A}|=\frac{1}{2}$,则$|(3\boldsymbol{A})^{-1}-2\boldsymbol{A}^*|=$____________.

4. 矩阵 $\boldsymbol{A}=\begin{pmatrix}1 & 2 & -1 & 1\\ 2 & 0 & t & 0\\ 0 & -4 & 5 & -2\end{pmatrix}$的秩 $r(\boldsymbol{A})=2$,则 $t=$____________.

5. 设 n 元 n 个方程的线性方程组 $\boldsymbol{AX}=\boldsymbol{B}$,如果 $r(\boldsymbol{A})=n$,则其相应齐次方程 $\boldsymbol{AX}=\boldsymbol{0}$ 只有____________解.

二、单选题(每小题 4 分,共 20 分)

1. 设 a,b 是方程 $x^2+x-6=0$ 的两个根,则 $D=\begin{vmatrix}a & b & 1\\ b & a & 1\\ a+1 & 0 & b\end{vmatrix}=$(　　).

A. 2　　B. 1　　C. -1　　D. 0

2. 已知四阶行列式 D,其第三列元素分别为 1、3、-2、2,它们对应的余子式分别是 3、-2、1、1,则行列式 $D=$(　　).

A. -5　　B. 5　　C. -3　　D. 3

3. 设矩阵 $\boldsymbol{A}$ 是 1×4 矩阵,$\boldsymbol{B}$ 是 1×3 矩阵,要使 $\boldsymbol{A}^{\mathrm{T}}\boldsymbol{B}+\boldsymbol{C}$ 有意义,则 $\boldsymbol{C}$ 是(　　)矩阵.

A. 4×3　　B. 3×4　　C. 1×3　　D. 4×1

4. 若线性方程组 $\boldsymbol{AX}=\boldsymbol{0}$ 只有零解,则线性方程组 $\boldsymbol{AX}=\boldsymbol{B}$ $(\boldsymbol{B}\neq\boldsymbol{0})$(　　).

A. 有唯一解　　B. 有无穷多解　　C. 可能无解　　D. 无解

5. 设 $\boldsymbol{A}$ 是 n 阶方阵,若 n 元线性方程组 $\boldsymbol{AX}=\boldsymbol{0}$ 有非零解,则下列(　　)不成立.

A. $r(\boldsymbol{A})<n$　　B. $r(\boldsymbol{A})=n$　　C. $|\boldsymbol{A}|=0$　　D. $\boldsymbol{A}$ 不可逆

三、计算题(每小题 10 分,共 60 分)

1. 解关于 λ 的方程$\begin{vmatrix}\lambda-3 & 4 & -4\\ -1 & \lambda+1 & 8\\ 0 & 0 & \lambda+2\end{vmatrix}=0$.

2. 已知行列式 $D=\begin{vmatrix} 1 & x & x & x \\ x & 1 & 0 & 0 \\ x & 0 & 1 & 0 \\ x & 0 & 0 & 1 \end{vmatrix}=-2$,求 x.

3. 设方程 $\boldsymbol{X}\begin{pmatrix} 2 & 1 \\ 0 & 1 \end{pmatrix}=\begin{pmatrix} 2 & -1 \\ -1 & 1 \end{pmatrix}$,求矩阵 $\boldsymbol{X}$.

4. 求齐次线性方程组 $\begin{cases} x_1+x_2+2x_3-x_4=0, \\ 2x_1+x_2+x_3-x_4=0, \\ 2x_1+2x_2+x_3+x_4=0 \end{cases}$ 的通解.

5. 求非齐次线性方程组$\begin{cases} x_1+x_2+2x_3+3x_4=1, \\ x_1+2x_2+3x_3-x_4=-4, \\ 2x_1+3x_2-x_3-x_4=-6, \\ 3x_1-x_2-x_3-2x_4=-4 \end{cases}$的通解.

6. 已知矩阵$\boldsymbol{A}=\begin{pmatrix} 1 & 1 & 2 & a & 3 \\ 2 & 2 & 3 & 1 & 4 \\ 1 & 0 & 1 & 1 & 5 \\ 2 & 3 & 5 & 5 & 4 \end{pmatrix}$的秩是 3，求 a 的值.

第 10 章　傅里叶级数与积分变换案例与练习*

内容提要

本章的内容主要是傅里叶级数、傅里叶变换、拉普拉斯变换.

傅里叶级数部分的基本内容:谐波分析与三角级数,周期为 2π 的周期函数的傅里叶级数,正弦级数和余弦级数,周期为 $2l$ 的周期函数的傅里叶级数.

傅里叶变换部分的基本内容:傅里叶变换的概念与性质,傅里叶变换的应用.

拉普拉斯变换部分的基本内容:拉普拉斯变换的概念与性质,拉普拉斯逆变换的求法,拉普拉斯变换的应用.

为了帮助大家更好地理解、掌握和应用这些内容,我们编写了下面的案例与练习.

微信扫码

- 案例分析
- 练习题
- 测试题

第 11 章　概率论与数理统计初步案例与练习*

内容提要

本章的内容主要是样本及抽样分布、参数估计、假设检验、一元线性回归方程.

样本及抽样分布部分的基本内容：总体与样本，样本函数与统计量，样本矩. 抽样分布（χ^2 分布，t 分布）.

参数估计部分的基本内容：矩估计的数字特征法；估计量的评价标准（无偏性与有效性）；参数的区间估计概念，置信区间与置信度；单正态总体 μ 与 σ^2 的区间估计.

假设检验部分的基本内容：假设检验问题的提出，假设检验的基本思想；两类错误；显著性水平；单正态总体均值的 U 检验法（已知方差）和 t 检验法（未知方差），方差的 χ^2 检验法.

一元线性回归方程部分的基本内容：相关关系的变量之间的分析及回归方程的求解.

为了帮助大家更好地理解、掌握和应用这些内容，我们编写了下面的案例与练习.

微信扫码

- 案例分析
- 练习题
- 测试题

第 12 章　图论初步案例与练习*

内容提要

本章的内容主要是图的基本概念，路径、回路与连通性，图的矩阵表示.

图的基本概念部分的基本内容：图的概念，图的同构，补图与子图.

路径、回路与连通性部分的基本内容：路径与回路的概念，连通图，欧拉图，最短路径.

图的矩阵表示部分的基本内容：邻接矩阵，关联矩阵，可达性矩阵.

为了帮助大家更好地理解、掌握和应用这些内容，我们编写了下面的案例与练习.

微信扫码

- 案例分析
- 练习题
- 测试题

参考答案

第1章　函数、极限与连续案例与练习

练习题1.1

一、1. $(-\infty,5)$　2. x^2-1　3. $\dfrac{2(x+1)}{x-1},x\neq1$　4. 原点　5. 2

二、1. A　2. D　3. C　4. B　5. D

三、1. $y=\sin u,u=2x$　2. $y=e^u,u=v^2,v=2x+1$　3. $y=\sqrt{u},u=\ln v,v=\sqrt{x}$

4. $y=\cos u,u=\sqrt{v},v=\dfrac{x^2+1}{x^2-1}$　5. $y=\ln u,u=\tan v,v=w^2,w=x^2+1$　6. $y=3^u$, $u=\cos v,v=x^2$

四、1. (1) 定义域$[0,4]$　(2) $f(0)=0,f(1.2)=1,f(3)=1,f(4)=0$　2. $p=a(5\pi r^2+\dfrac{80\pi}{r})$(元)

练习题1.2

一、1. 4　2. 1　不存在　3. -2　4. 1　5. $\dfrac{1}{2}$

二、1. B　2. B　3. B　4. C　5. D

三、1. $\dfrac{1}{4}$　2. $\dfrac{3^7\cdot8^3}{5^{10}}$　3. 0　4. 16　5. e^6　6. e^2

四、1. $b=2$　2. 当$x\to0^+$时，$\sin\sqrt{x}$是比x低阶的无穷小；当$x\to0^+$时，$\dfrac{2}{\pi}\cos\dfrac{\pi}{2}(1-x)$与$x$是同阶无穷小，也是等价无穷小

练习题1.3

一、1. 0　2. 2　3. $x=0$　4. $x=-1$　5. $[-2,-1)\cup(-1,4)\cup(4,+\infty)$

二、1. B　2. B　3. B　4. A　5. C

三、1. 1　2. 0　3. 3　4. $\dfrac{1}{3}$　5. 1　6. $\dfrac{1}{2}$

四、1. $a=2,b=e$　2. $x=1$为可去间断点，$x=2$为无穷间断点

测试题1

一、1. x^2-2x+2　2. $(-1,4]$　3. 0　4. $e^{-\frac{1}{3}}$　5. $x=0,x=-1$

二、1. A　2. B　3. D　4. A　5. D

三、1. $\left(\frac{3}{2}\right)^{20}$　2. $-\frac{\sqrt{2}}{2}$　3. 2　4. $\frac{3}{2}$　5. e^{-4}　6. e^{-3}

四、1. $y=x+2.25\%(1-20\%)x$(元)，$x\in(0,+\infty)$　2. 5

第 2 章　一元函数微分学及应用案例与练习

练习题 2.1

一、1. 0　2. $\left(\frac{1}{2},\frac{1}{4}\right)$　$4y-4x+1=0$　3. $\frac{1}{2}$　4. $y=1$　5. $3t^2$　3

二、1. B　2. D　3. A　4. D　5. C

三、1. (1) $y'=\left(\frac{3}{2}\sqrt{x}+x\sqrt{x}+3\right)e^x$　(2) $y'=-\csc^2 x+2x\ln x+x$　(3) $y'=\frac{2x\ln x-x}{(\ln x)^2}$

(4) $y'=4x^3-\cos x\ln x-\frac{1}{x}\sin x$　2. $\frac{1}{2}$　3. -1

四、1. 切线：$ey-x=0$　法线：$y+ex-1+e^2=0$　2. (1) $v(t)=v_0-gt$　(2) $t=\frac{v_0}{g}$

练习题 2.2

一、1. $-\frac{1}{x^2}e^{\frac{1}{x}}\cos e^{\frac{1}{x}}$　2. $2x^{2x}(\ln x+1)$　3. $2y-x-2\sqrt{3}=0$　4. $-e$

5. $-\frac{1}{x^2}\left[\cos\frac{1}{x}-\sin\frac{1}{x}\right]dx$

二、1. D　2. D　3. A　4. D　5. C

三、1. (1) $ex^{e-1}+2xe^{x^2}$　(2) $\frac{1}{3}(x+\sqrt{x})^{-\frac{2}{3}}\left(1+\frac{1}{2\sqrt{x}}\right)$

2. (1) $y'=\frac{y\sin x}{\cos x-2e^{2y}}$　(2) $y'=\frac{5^x\ln 5}{1-2^y\ln 2}$　(3) $y'=\frac{(x^2-\ln y)y}{2x^2y^2-x}$　(4) $y'=\frac{e^x-y\cos(xy)}{x\cos(xy)+e^y}$

3. (1) $y''=\frac{1}{x}$　(2) $y''=(2\ln 3)\cdot 3^{x^2}+(2x\ln 3)^2\cdot 3^{x^2}$

4. (1) $dy=(-\csc^2 x-\csc x\cot x)dx$　(2) $dy=\sin(2e^x)e^x dx$

(3) $dy=\left(\frac{1}{1+x}\cdot\frac{1}{2\sqrt{x}}+\frac{2^x\ln x}{1+2^x}\right)dx$　(4) $dy=\frac{1}{\sqrt{1+x^2}}dx$

练习题 2.3

一、1. $\frac{3}{2}\pi$　2. $\frac{1}{\ln 2}-1$　3. 2　(0,1)，(1,2)　4. 0　5. ∞

二、1. D　2. C　3. B　4. B　5. D

三、1. $\frac{3}{2}$　2. 0　3. $-\frac{3}{7}$　4. 1　5. $\ln\frac{2}{3}$　6. 1　7. 6　8. $\frac{1}{2}$　9. $\frac{1}{12}$　10. $-\frac{1}{3}$

四、$\xi=2.25\in(1,4)$

练习题 2.4

一、1. 极小值　2. 0　3. $(-\infty,0)$　4. $(0,+\infty)$　5. 1

二、1. D　2. A　3. C　4. C　5. C

三、1. (1) 在$(-\infty,0)\cup(0,+\infty)$单调增加　(2) 在$\left(\frac{1}{3},+\infty\right)$单调增加，在$\left(0,\frac{1}{3}\right)$单调减少　2. (1) 在$(0,e)$单调增加，在$(e,+\infty)$单调减少　(2) 在$\left(0,\frac{\pi}{3}\right)$单调减少，在$\left(\frac{\pi}{3},3\right)$单调增加　3. (1) 极大值 $f(-1)=1, f(1)=1$　极小值 $f(0)=0$　(2) 极大值 $f(-1)=2$

四、1. 略　2. 略

练习题 2.5

一、1. $f(a)$　2. $\frac{3}{5}$　-1　3. $(0,2)$　4. 1　-3　5. $x=-\frac{1}{2}$

二、1. B　2. A　3. C　4. A　5. C

三、1. 最大值 $y\left(-\frac{1}{2}\right)=y(1)=\frac{1}{2}$　最小值 $y(0)=0$　2. 拐点$(1,-7)$，在$(0,1)$内是凸的，在$(1,+\infty)$内是凹的

四、1. $(1,\pm\sqrt{2})$　2. $r=\sqrt{\frac{2}{3}}L, h=\frac{1}{\sqrt{3}}L$　3. $r=h=\sqrt[3]{\frac{V}{\pi}}$　4. $x=5(\text{m})$

测试题 2.1

一、1. $\frac{1}{3}x^6-1$　2. -6　3. 2　4. $(1,2)$　5. $y=x+1$

二、1. C　2. C　3. B　4. A　5. D

三、1. $dy=\frac{\cos x-\sin x-1}{(\sin x+1)^2}dx$　2. $y'_x=-e^{-x}\left[\ln(2-x)+\frac{1}{2-x}\right]$　3. $dy=\frac{2\ln x}{x}\cdot\cos(\ln^2 x)\cdot dx$　4. $y'_x=-\frac{\ln 2}{x^2+1}\cdot 2^{\arctan\frac{1}{x}}$　5. $f'(1)=\frac{3}{8}$　6. $y'_x=(\sin x)^x\cdot[\ln(\sin x)+x\cdot\cot x]$　7. $y'_x=\frac{1}{2}\sqrt{\frac{(x+1)(2-3x)}{(5x+1)^3}}\left(\frac{1}{x+1}-\frac{3}{2-3x}-\frac{15}{5x+1}\right)$

8. $f''(x)=4(x-1)e^{-2x}$　9. $y'_x=\frac{1+ye^{xy}}{2y-xe^{xy}}$

四、1. $f'(x)=2\cos 2x, f'[f(x)]=2\cos(2\sin 2x)$　2. $y''(0)=e^{-2}$

测试题 2.2

一、1. $f'(c)=\frac{f(b)-f(a)}{b-a}$　2. $(-1,0)$　3. $x=-1$　4. $(1,1)$　5. $\left(-\frac{1}{\sqrt{2}},\frac{1}{\sqrt{2}}\right)$

6. $y=0$　$x=0$

二、1. D 2. C 3. A 4. B 5. A 6. C 7. B 8. A

三、1. 2 2. 0 3. 0 4. $-\frac{3}{2}$ 5. ∞ 6. 0

四、1. $(-\infty,-1)\cup(3,+\infty)\uparrow$，$(-1,3)\downarrow$ $\max=15$，$\min=-17$ $(-\infty,1)$凸，$(1,+\infty)$凹 拐点$(1,-1)$ 2. $(-\infty,0)\cup(1,+\infty)\uparrow$，$(0,1)\downarrow$ $\max=0$，$\min=-3$

五、1. 所求最大面积$A=2\times\frac{1}{\sqrt{3}}\times\frac{2}{3}=\frac{4\sqrt{3}}{9}$ 2. 所求直线方程为$\frac{x}{2}+\frac{y}{2}=1$

第 3 章 一元函数积分学及应用案例与练习

练习题 3.1

一、1. $e^x+\sin x+C$ 2. $F(x)+C$ 3. $f(x)$ 4. $-F(\cos x)+C$ 5. $x+C$

二、1. C 2. A 3. C 4. A 5. A

三、1. $\arcsin\theta-\theta+C$ 2. $x-\arctan x+C$ 3. $\frac{0.4^t}{\ln 0.4}-\frac{0.6^t}{\ln 0.6}+C$ 4. $e^x+\frac{1}{2}\sin x+C$

四、1. $\frac{1}{22}(2x-1)^{11}+C$ 2. $\ln(1+\sin x)+C$ 3. $\cos\frac{1}{x}+C$ 4. $2\sin\sqrt{x}+C$

5. $\frac{2}{\sqrt{7}}\arctan\frac{2x+3}{\sqrt{7}}+C$ 6. $\frac{1}{3}\ln\left|\frac{x-3}{x}\right|+C$ 7. $\frac{1}{4}\ln\left|\frac{x-1}{x+1}\right|-\frac{1}{2}\arctan x+C$

8. $\frac{1}{2}\ln\left|\frac{x+1}{x+3}\right|+C$

练习题 3.2

一、1. xe^x-e^x+C 2. $x\arccos x-\sqrt{1-x^2}+C$ 3. $x\tan x+\ln|\cos x|+C$ 4. $x\sin x+\cos x+C$ 5. $e^x(x^2-2x+2)+C$

二、1. B 2. B 3. A 4. A 5. C

三、1. $x(\ln x-1)+C$ 2. $-\frac{1}{2x^2}\ln x-\frac{1}{4x^2}+C$ 3. $-x\cos x+\sin x+C$ 4. $\frac{1}{2}e^{2x}(x-\frac{1}{2})+C$ 5. $x\arcsin x+\sqrt{1-x^2}+C$ 6. $x\tan x+\ln|\cos x|-\frac{1}{2}x^2+C$

7. $\frac{1}{2}e^x(\sin x-\cos x)+C$ 8. $\frac{1}{2}(\sec x\tan x+\ln|\sec x+\tan x|)+C$

9. $\frac{1}{2}\tan^2 x+\ln|\cos x|+C$ 10. $\frac{1}{2}x^2-\frac{1}{2}\ln(1+x^2)+C$

练习题 3.3

一、1. $>$ 2. $[0,\frac{1}{2}]$ 3. 1 4. $-\frac{1}{\sqrt{1+x^3}}$ 5. 4

二、1. D 2. A 3. A 4. C 5. D

三、1. $2\ln2-\ln3$　2. $2\sqrt{2}$　3. $1-\frac{\pi}{4}$　4. $\frac{2\sqrt{3}}{3}$　5. $\frac{5}{2}$　6. $\frac{\pi}{4}$　7. $\ln(e^x+1)-\ln 2$　8. $\frac{5}{6}$

四、1. 略　2. 2　3. $-\frac{3}{4}$　4. $\frac{1}{2}\ln^2 x$

练习题 3.4

一、1. 0　2. 1　3. 0　4. 8　5. $b-a-1$

二、1. C　2. A　3. B　4. D　5. D

三、1. $\frac{8}{3}$　2. $\frac{\pi}{2}$　3. $-\frac{2}{e}+1$　4. $1-\frac{\sqrt{3}\pi}{6}$　5. $e^{\pi}-1$　6. $\frac{1}{22}$　7. $2(\sqrt{3}-1)$　8. $2-\frac{2}{e}$

四、1. e　2. 1

练习题 3.5

一、1. $\frac{1}{5}$　2. $(1,+\infty)$　3. π　4. $\frac{1}{2e}$　5. 12

二、1. B　2. B　3. D　4. A　5. D

三、1. 18　2. $\frac{9}{4}$　3. $\frac{5}{2}$　4. $\frac{32\pi}{5},8\pi$　5. $\frac{25\pi}{3}$

测试题 3.1

一、1. $2\cos 2x$　2. $\log_a x+C$　3. $\frac{1}{2}F(2x-3)+C$　4. $x\cos x-\sin x+C$　5. $x^2-\frac{1}{2}x^4+C$

二、1. D　2. B　3. A　4. A　5. C

三、1. $2x+\frac{5}{\ln3-\ln2}\left(\frac{2}{3}\right)^x+C$　2. $\frac{1}{2}x^2-x+\ln|1+x|+C$　3. $x\arctan x-\frac{1}{2}\ln(1+x^2)+C$　4. $x^2\sin x+2x\cos x-2\sin x+C$　5. $-2\sqrt{x}\cos\sqrt{x}+2\sin\sqrt{x}+C$　6. $\frac{1}{2}x\left[\sin(\ln x)-\cos(\ln x)\right]+C$　7. $\arctan e^x+C$　8. $-\sqrt{2x+1}-\ln\left|\sqrt{2x+1}-1\right|+C$

9. $2xe^{\frac{x}{2}}+C$　10. $\frac{1}{8}x-\frac{1}{32}\sin 4x+C$　11. $\frac{1}{6}\arctan\left(\frac{x^3}{2}\right)+C$　12. $\frac{x}{(1-x)^2}+C$

四、1. $F(x)=\arcsin x+\pi$　2. $F(X)=x\ln x+C$

五、1. $\frac{1}{3}e^{x^3}(x^3-1)+C$　2. $\frac{1}{4}\ln\left|\frac{2+\sin x}{2-\sin x}\right|+C$

测试题 3.2

一、1. 0　2. 1　3. 0　4. 1　5. $-\frac{\pi}{4}$

二、1. C　2. B　3. D　4. A　5. C

三、1. $8\ln2-4$　2. $2-\frac{\pi}{2}$　3. $\frac{\pi}{4}-\frac{1}{2}$　4. $\frac{1}{4}$　5. $\frac{\pi}{2}$　6. 2　7. $\frac{1}{4}$　8. $-\frac{9\pi}{2}$

四、1. $\frac{1}{3}$　2. $21-2\ln 2$

五、1. $21-2\ln 2$　2. $a=\frac{1}{\sqrt{2}}$，S_1+S_2 达到最小值为$\frac{2-\sqrt{2}}{6}$

第4章　常微分方程案例与练习

练习题4.1

一、1. 2　2. 3　3. $y=\ln|x|+C$　4. $\frac{\mathrm{d}y}{\mathrm{d}x}=f(x)\cdot g(y)$　5. $y'+P(x)\cdot y=Q(x)$

二、1. D　2. D　3. C　4. C　5. B

三、1. $y\sqrt{x^2+1}=C$　2. $(\mathrm{e}^x+C)\mathrm{e}^y+1=0$　3. $\cos y=\frac{\sqrt{2}}{2}\cos x$　4. $y=(x+C)\mathrm{e}^x$

5. $y=(x+C)\cos x$

四、$y=x-x\ln x$

练习题4.2

一、1. $y=C_1\mathrm{e}^x+C_2\mathrm{e}^{-2x}$　2. $y=(C_1+C_2x)\mathrm{e}^{2x}$　3. $y=\mathrm{e}^{-\frac{x}{2}}(C_1\cos\frac{x}{2}+C_2\sin\frac{x}{2})$　4. $y^*=Ax^2+Bx+C$　5. $y^*=A\cdot\mathrm{e}^x$

二、1. B　2. C　3. C　4. C　5. C

三、1. $y=(2+x)\mathrm{e}^{-\frac{x}{2}}$　2. $y=-2x+C_1\cos x+C_2\sin x$　3. $y=C_1\mathrm{e}^{-2x}+C_2\mathrm{e}^{2x}+\frac{1}{4}x\mathrm{e}^{2x}$

4. $y=C_1\mathrm{e}^x+C_2\mathrm{e}^{2x}+2x\mathrm{e}^{2x}$　5. $y=C_1\mathrm{e}^{-x}+C_2\mathrm{e}^{-2x}+(\frac{1}{6}x-\frac{5}{36})\mathrm{e}^x$

四、$y=\frac{1}{2}(\mathrm{e}^x-\mathrm{e}^{-x})$

测试题4

一、1. 二阶　2. $y=\frac{1}{2}(x^2+1)$　3. $y^2=2\ln x-x^2+2$　4. $\frac{y_1(x)}{y_2(x)}\neq$常数　5. $y=C_1+C_2\mathrm{e}^{-2x}$

二、1. B　2. A　3. A　4. B　5. C

三、1. $\mathrm{e}^y=\frac{1}{2}(\mathrm{e}^{2x}+1)$　2. $y=\frac{1}{x}(\sin x-x\cos x+C)$　3. $y=C_1\mathrm{e}^{-3x}+C_2\mathrm{e}^x+\frac{1}{2}x\mathrm{e}^x$

4. $y=\mathrm{e}^{2x}-\mathrm{e}^{3x}+\mathrm{e}^x$　5. $y=\mathrm{e}^{-x}(x-\sin x)$

第5章　无穷级数案例与练习

练习题5.1

一、1. $|q|\geqslant 1$　$|q|<1$　2. $p\leqslant 1$　$p>1$　3. $\frac{1}{(2n+1)(2n-1)}$　$\frac{1}{2}$　4. 0　5. 可能收敛可

能发散

二、1. B　2. C　3. B　4. B　5. B

三、1. 发散　2. 收敛　3. 收敛　4. 绝对收敛　5. 条件收敛

练习题 5.2

一、1. $(-R,R)$　2. 发散　3. 收敛　4. $\frac{1}{2}$　5. 2

二、1. A　2. D　3. D　4. C　5. D

三、1. $\left[-\frac{1}{2},\frac{1}{2}\right]$　2. $(-\infty,+\infty)$　3. 仅在 $x=0$ 处收敛　4. $(-\sqrt{2},\sqrt{2})$　5. $(-2,2)$

测试题 5

一、1. $\lim\limits_{n\to\infty}u_n=0$　2. (1) 收敛　(2) 发散　(3) 发散　(4) 发散　(5) 收敛　3. 收敛　发散

4. 收敛　发散　5. $|x|<R$　$|x|>R$

二、1. C　2. D　3. D　4. C　5. B

三、1. 发散　2. 收敛　3. 条件收敛　4. $\frac{1}{2}$　$\left[-\frac{1}{2},\frac{1}{2}\right)$　(2) 2　$(-2,2]$　(3) 4　$(-4,4)$

第 7 章　多元函数微分学及应用案例与练习

练习题 7.1

一、1. $\{(x,y)\mid y>0,x\neq 0\}$　2. $\frac{x^2+y^2}{3xy}$　3. yx^{y-1}　4. $-\frac{x}{(x+y)^2}$　5. $\cos y\mathrm{d}x-x\sin y\mathrm{d}y$

二、1. D　2. B　3. D　4. D　5. A

三、1. (1) $\{(x,y)\mid x>y,x\neq 0\}$　(2) $\{(x,y)\mid -1\leqslant x\leqslant 1,y>0\}$　2. (1) $\frac{\partial z}{\partial x}=\frac{\mathrm{e}^y}{y^2}$　$\frac{\partial z}{\partial y}=xe^y\frac{y-2}{y^3}$　(2) $\frac{\partial u}{\partial x}=y^2+2xz$　$\frac{\partial u}{\partial y}=2xy+z^2$　$\frac{\partial u}{\partial z}=2yz+x^2$　3. -1　2　4. $\frac{5}{9}$　$-\frac{1}{9}$　$\frac{2}{9}$

四、1. $V=\frac{1}{3}\pi(l^2-h^2)h$　2. -2 cm

练习题 7.2

一、1. 2e　2. $2\mathrm{e}^{x^2+y}(1+2x^2)$　3. -5　4. $\left(-\frac{1}{3},-\frac{1}{3}\right)$　大　$\frac{1}{27}$　5. $xyz+\lambda(x+y+z-a)$

二、1. C　2. B　3. D　4. B　5. C

三、1. $\frac{\mathrm{d}z}{\mathrm{d}t}=-\mathrm{e}^{-t}-\mathrm{e}^t$　2. $\frac{\partial z}{\partial x}=\frac{2x}{y^2}\ln(2x-3y)+\frac{2}{2x-3y}\left(\frac{x}{y}\right)^2$　$\frac{\partial z}{\partial y}=-\frac{2x^2}{y^3}\ln(2x-3y)-\frac{3}{2x-3y}\left(\frac{x}{y}\right)^2$　3. $\frac{\partial z}{\partial x}=-\frac{yz^3+yz\sin(xyz)}{3xyz^2+xy\sin(xyz)}$　$\frac{\partial z}{\partial y}=-\frac{xz^3+xz\sin(xyz)}{3xyz^2+xy\sin(xyz)}$　4. 极小

值 $f(3,-2)=-26$,点(3,2)处无极值

四、1. 长、宽、高分别为 3 m,3 m,2 m　2. 半径 $r=\sqrt[3]{\frac{V}{\pi}}$　高 $h=\sqrt[3]{\frac{V}{\pi}}$

测试题 7

一、1. $-\frac{1+2yz}{2xy+4z}$　2. $\{(x,y)\mid x^2+y^2\leqslant 1,y\geqslant x^2\}$　3. $\frac{2}{5}$　4. 小　5. $4e^4(dx+dy)$

6. $xyz+\lambda(x+y+z-a)$

二、1. B　2. C　3. D　4. A　5. D

三、1. $\left.\frac{\partial z}{\partial x}\right|_{\substack{x=1\\y=0}}=1$　$\left.\frac{\partial z}{\partial y}\right|_{\substack{x=1\\y=0}}=\frac{1}{4}$　2. $dz=(1-3y)^x\ln(1-3y)dx-3x(1-3y)^{x-1}dy$

3. $\frac{\partial z}{\partial x}=2xf'_1-\frac{y}{x^2}f'_2$　$\frac{\partial z}{\partial y}=-2yf'_1+\frac{1}{x}f'_2$　4. $\frac{dz}{dt}=e^{\sin^2 2t-3t^3}(2\sin 4t-6t^2)$

5. $\frac{\partial z}{\partial x}=-\frac{yz-\cos(x+2z)}{xy-2\cos(x+2z)}$　$\frac{\partial z}{\partial y}=-\frac{xz}{xy-2\cos(x+2z)}$

四、1. 当长、宽、高均为$\frac{2\sqrt{3}}{3}R$时,体积最大　2. 当长、宽均为$\frac{1}{2}$ m时,面积最大　3. 所求点为$\left(\frac{1}{6},-\frac{1}{3},\frac{4}{3}\right)$

第 8 章　多元函数积分学及应用案例与练习

练习题 8.1

一、1. $\iint\limits_D\rho(x,y)d\sigma$　2. 连续　3. $\frac{2}{3}\pi R^3$　4. $\frac{1}{6}$　5. 4π

二、1. A　2. D　3. D　4. A　5. A

三、1. $V=\iint\limits_D\sqrt{a^2-x^2-y^2}d\sigma, D=\{(x,y)\mid x^2+y^2\leqslant a^2\}$　2. $\iint\limits_D(x+y)^2d\sigma\geqslant\iint\limits_D(x+y)^3d\sigma$　3. $2\leqslant\iint\limits_D(x+y+1)dxdy\leqslant 8$　4. $\frac{\pi}{e}\leqslant\iint\limits_D e^{-x^2-y^2}d\sigma\leqslant\pi$　5. 略

练习题 8.2

一、1. $\int_{-2}^{0}dx\int_{-1}^{1}f(x,y)dy$　2. $\int_0^{2\pi}d\theta\int_0^{\sqrt{2}}f(r\cos\theta,r\sin\theta)rdr$　3. $\int_0^1dy\int_0^yf(x,y)dx$

4. $\int_0^1dx\int_x^{\sqrt{x}}f(x,y)dy$　5. $(e-1)^2$

二、1. C　2. A　3. B　4. D　5. D

三、1. $\frac{9}{4}$　2. $\frac{1}{2}e^4-\frac{1}{2}e^2-e$　3. $-\frac{1}{12}$

四、1. $\frac{\pi}{2}$　2. $\frac{2}{3}\pi(5\sqrt{5}-4)$

测试题 8

一、1. $\frac{1}{3}\leqslant I\leqslant 1$　2. 2　3. $\int_0^{\frac{\pi}{2}}\mathrm{d}\theta\int_0^{2\cos\theta}f(r\cos\theta,r\sin\theta)r\mathrm{d}r$　4. $\int_0^2\mathrm{d}x\int_0^x f(x,y)\mathrm{d}y+\int_2^4\mathrm{d}x\int_0^{4-x}f(x,y)\mathrm{d}y$　5. $\frac{1}{2}(1-\mathrm{e}^{-1})$

二、1. B　2. B　3. D　4. D　5. B

三、1. $\frac{45}{8}$　2. $\frac{9}{4}$　3. $\frac{3}{4}\pi$　4. $\frac{\pi}{4}-\frac{5}{12}$　5. $\frac{a^3}{3}\left(\frac{\pi}{2}-\frac{2}{3}\right)$

四、1. $\frac{64}{9}$　2. $12\pi R^2$

第 9 章　线性代数初步案例与练习

练习题 9.1

一、1. 1　2. $\begin{vmatrix}a & b\\ c & d\end{vmatrix}+\begin{vmatrix}x & y\\ z & w\end{vmatrix}+\begin{vmatrix}a & y\\ c & w\end{vmatrix}+\begin{vmatrix}x & b\\ z & d\end{vmatrix}$　3. 不变　4. 2　5. 0

二、1. D　2. D　3. A　4. C　5. A

三、1. $x=-1$ 或 $x=2$　2. $(x+3)(x-1)^3$　3. (1) 108　(2) 29　4. $x=3,y=-2,z=2$　5. $k=2$ 或 $k=11$

练习题 9.2

一、1. n　2. $\begin{pmatrix}5 & 12 & 5\\ 10 & 25 & 10\end{pmatrix}$　3. 5×4　4. $\begin{pmatrix}0 & 0\\ 0 & 0\end{pmatrix}$　$\begin{pmatrix}4 & 4\\ -4 & -4\end{pmatrix}$　5. 32

二、1. C　2. B　3. B　4. C　5. C

三、1. (1) $\begin{pmatrix}17 & 16\\ 3 & 7\end{pmatrix}$　(2) $\begin{pmatrix}7 & 7\\ 23 & 12\end{pmatrix}$　(3) $\begin{pmatrix}104 & 5\\ 71 & 16\end{pmatrix}$　2. 26

3. $\begin{pmatrix}-6 & 2\\ -4 & 1\\ -16 & 6\end{pmatrix}$　4. $3^{n-1}\begin{pmatrix}1 & 1\\ 2 & 2\end{pmatrix}$

四、略

练习题 9.3

一、1. $\boldsymbol{CB}^{-1}$　2. $a\neq-3$　$\boldsymbol{A}^{-1}=\frac{1}{a+3}\begin{pmatrix}a & -3\\ 1 & 1\end{pmatrix}$　3. 2　4. $\boldsymbol{A}^{\mathrm{T}}$　5. 2

二、1. A　2. B　3. B　4. C　5. B

三、1. (1) -1　(2) $\begin{pmatrix}-1 & -1 & -3\\ -2 & -3 & -7\\ -3 & -4 & -9\end{pmatrix}$　(3) $\begin{pmatrix}1 & 1 & 3\\ 2 & 3 & 7\\ 3 & 4 & 9\end{pmatrix}$　2. 提示:先求 $\boldsymbol{A}$ $(\boldsymbol{A}=(\boldsymbol{A}^{-1})^{-1})$,

$\boldsymbol{A}^{\mathrm{T}}=\begin{pmatrix}1&2&3\\2&2&4\\3&1&3\end{pmatrix}$，$(\boldsymbol{A}^{*})^{-1}=\dfrac{1}{2}\begin{pmatrix}1&2&3\\2&2&1\\3&4&3\end{pmatrix}$ 3. $\boldsymbol{B}=\begin{pmatrix}0&1&-1\\-1&0&1\\1&-1&0\end{pmatrix}$ 4. 3

四、略

练习题 9.4

一、1. 非零解 2. = 3. 4 4. −1 5. −2 提示：利用 $|\boldsymbol{AB}|=|\boldsymbol{A}||\boldsymbol{B}|$

二、1. A 2. A 3. D 4. C 5. B

三、1. $\begin{pmatrix}x_1\\x_2\\x_3\\x_4\end{pmatrix}=k\begin{pmatrix}-\frac{1}{2}\\\frac{7}{2}\\\frac{5}{2}\\1\end{pmatrix}$，其中 k 为任意实数 2. $\begin{pmatrix}x_1\\x_2\\x_3\end{pmatrix}=\begin{pmatrix}-1\\2\\0\end{pmatrix}+k\begin{pmatrix}-2\\1\\1\end{pmatrix}$，其中 k 为任意实数

3. (1) $a=3,b\neq1$ 时，无解 (2) $a\neq3$ 时，有唯一解 (3) $a=3,b=1$ 时，有无穷多解，为 $\begin{pmatrix}x_1\\x_2\\x_3\end{pmatrix}=k\begin{pmatrix}3\\-3\\1\end{pmatrix}+\begin{pmatrix}-1\\1\\0\end{pmatrix}$，其中 k 为任意实数

练习题 9.5

一、1. $(3,5,-3,8)^{\mathrm{T}}$ 2. −2 3. (1) 无关 (2) 相关 4. 相关 5. −2

二、1. B 2. C 3. A 4. A 5. C

三、1. $r(\boldsymbol{\alpha}_1,\boldsymbol{\alpha}_2,\boldsymbol{\alpha}_3)=2$，$\boldsymbol{\alpha}_1,\boldsymbol{\alpha}_2$ 为一个最大无关组(不唯一)，$\boldsymbol{\alpha}_3=-\dfrac{11}{9}\boldsymbol{\alpha}_1+\dfrac{5}{9}\boldsymbol{\alpha}_2$

2. $\boldsymbol{\alpha}_4$ 可以由 $\boldsymbol{\alpha}_1,\boldsymbol{\alpha}_2,\boldsymbol{\alpha}_3$ 线性表出，$\boldsymbol{\alpha}_4=2\boldsymbol{\alpha}_1+\boldsymbol{\alpha}_2+\boldsymbol{\alpha}_3$

3. 基础解系为 $\begin{pmatrix}1\\1\\2\\1\end{pmatrix}$，通解为 $k\begin{pmatrix}1\\1\\2\\1\end{pmatrix}$，其中 k 为任意常数

4. 通解为 $k_1\begin{pmatrix}-2\\3\\1\\0\end{pmatrix}+k_2\begin{pmatrix}-2\\3\\0\\1\end{pmatrix}+\begin{pmatrix}3\\-2\\0\\0\end{pmatrix}$，其中 k_1,k_2 为任意常数

四、1. 证明：设 $\boldsymbol{A}$ 的 $r(\boldsymbol{A})=r$，则 $\boldsymbol{Ax}=\boldsymbol{0}$ 的解空间的维数为 $n-r$，再设 $\boldsymbol{B}=(b_1,b_2,\cdots,b_n)$，其中 $b_1,b_2,\cdots,b_n$ 是矩阵的列. ∵ $\boldsymbol{AB}=\boldsymbol{0}$，得 $\boldsymbol{A}b_1=\boldsymbol{0}$，$\boldsymbol{A}b_2=\boldsymbol{0}$，$\cdots$，$\boldsymbol{A}b_n=\boldsymbol{0}$，∴ $b_1,b_2,\cdots,b_n$ 均属于 $\boldsymbol{A}x=\boldsymbol{0}$ 的解空间，∴ $b_1,b_2,\cdots,b_n$ 最大线性无关向量个数即 $r(\boldsymbol{B})\leqslant n-r$，于是得 $r(\boldsymbol{A})+r(\boldsymbol{B})\leqslant n$

2. 证明：(1) 当 $r(\boldsymbol{A})=n$ 时，$|\boldsymbol{A}|\neq0$，而 $\boldsymbol{AA}^{*}=|\boldsymbol{A}|\boldsymbol{E}$，因此 $\boldsymbol{A}^{*}$ 是可逆的，故 $r(\boldsymbol{A}^{*})=n$；(2) 当 $r(\boldsymbol{A})=n-1$ 时，$|\boldsymbol{A}|=0$，并且 $\boldsymbol{A}$ 中至少有一个 $n-1$ 阶子式不为零，此时 $\boldsymbol{AA}^{*}=$

$\boldsymbol{0}$，由 $r(\boldsymbol{A})+r(\boldsymbol{A}^*)\leqslant n$（上题的结论）得 $r(\boldsymbol{A}^*)\leqslant 1$，又因 $\boldsymbol{A}$ 中有 $n-1$ 阶子式不为零，得有代数余子式 $A_{ij}\neq 0$，即 $\boldsymbol{A}^*\neq\boldsymbol{0}$，得 $r(\boldsymbol{A}^*)\geq 1$，故 $r(\boldsymbol{A}^*)=1$；(3) 当 $r(\boldsymbol{A})<n-1$ 时，此时 $\boldsymbol{AA}^*=\boldsymbol{0}$，并且 $\boldsymbol{A}$ 中所有 $n-1$ 阶子式全为零，即代数余子式 A_{ij} 全为零，即 $\boldsymbol{A}^*=\boldsymbol{0}$，故 $r(\boldsymbol{A}^*)=0$. 综上，$r(\boldsymbol{A}^*)=\begin{cases} n, & r(\boldsymbol{A})=n \\ 1, & r(\boldsymbol{A})=n-1 \\ 0, & r(\boldsymbol{A})<n-1 \end{cases}$

测试题 9

一、1. $A_{ij}=(-1)^{i+j}M_{ij}$　2. $\frac{1}{2}$　3. $-\frac{16}{27}$　4. 3　5. 零

二、1. D　2. B　3. A　4. A　5. B

三、1. $\lambda=-2$ 或 $\lambda=1$　2. $x=\pm 1$　3. $\frac{1}{2}\begin{pmatrix} 2 & -4 \\ -1 & 3 \end{pmatrix}$　4. $\begin{pmatrix} x_1 \\ x_2 \\ x_3 \\ x_4 \end{pmatrix}=k\begin{pmatrix} \frac{4}{3} \\ -3 \\ \frac{4}{3} \\ 1 \end{pmatrix}$，其中 k 为任意实数　5. $x_1=-1, x_2=-1, x_3=0, x_4=1$　6. $a=2$

参考文献

[1] 同济大学，天津大学，浙江大学，重庆大学. 高等数学（上、下册）[M]. 第3版. 北京：高等教育出版社，2008.

[2] 李林曙，黎诣远. 微积分[M]. 第2版. 北京：高等教育出版社，2010.

[3] 杨军. 工科数学案例与练习[M]. 南京：南京大学出版社，2017.

[4] 龚成通. 大学数学应用题精讲[M]. 上海：华东理工大学出版社，2006.

[5] 王新华. 应用数学基础[M]. 北京：清华大学出版社，2010.

[6] 朱道元. 数学建模案例精选[M]. 北京：科学出版社，2003.